智慧灯杆
经典案例解读
从道路照明到智慧灯杆

上海浦东智能照明联合会　编著

江苏凤凰科学技术出版社·南京

图书在版编目（CIP）数据

智慧灯杆经典案例解读：从道路照明到智慧灯杆 /
上海浦东智能照明联合会编著. -- 南京：江苏凤凰科学
技术出版社，2025. 1. -- ISBN 978-7-5713-4761-1

Ⅰ．TU113.6-39

中国国家版本馆 CIP 数据核字第 2024FN4540 号

智慧灯杆经典案例解读　从道路照明到智慧灯杆

编　　　　著	上海浦东智能照明联合会	
项 目 策 划	凤凰空间 / 杨　畅	
责 任 编 辑	赵　研	
责任设计编辑	蒋佳佳	
特 邀 编 辑	杨　畅　彭　娜	

出 版 发 行	江苏凤凰科学技术出版社
出版社地址	南京市湖南路 1 号 A 楼，邮编：210009
出版社网址	http://www.pspress.cn
总 经 销	天津凤凰空间文化传媒有限公司
总 经 销 网 址	http://www.ifengspace.cn
印　　　　刷	北京博海升彩色印刷有限公司

开　　　　本	889 mm×1 194 mm　1 ／ 16
印　　　　张	13
插　　　　页	4
字　　　　数	188 000
版　　　　次	2025 年 1 月第 1 版
印　　　　次	2025 年 1 月第 1 次印刷

标 准 书 号	ISBN 978-7-5713-4761-1
定　　　　价	248.00 元（精）

图书如有印装质量问题，可随时向销售部调换（电话：022-87893668）。

序

智慧灯杆是集成多种设备、实现多种功能的杆体的统称，它可以是搭载多种设备的智能控制路灯，也可以是道路专用的多功能杆，还可以是搭载多类智慧化功能设施的城市基础设施杆体。

智慧灯杆的概念最初源于将无线通信基础设施集成到城市照明系统中的一种设想。最早出现于 2014 年西班牙巴塞罗那的世界移动通信大会，荷兰皇家飞利浦公司和爱立信公司联合展出了"零基站方案（Zero Site）"，该方案在 LED 路灯灯杆上安装无线电信设备，既满足供电需求，又帮助电信运营商改善移动网络的性能，形成无处不在的移动电信网络。同时，该方案缓解了规划城市电信设备安装时产生的杂乱无序的状况，减少了城市基础设施重复建设的情况，从而减少了预算开支。

我国随后开展了更为快速、综合的智慧灯杆的建设和创新，以 2018 年开始的上海道路灯杆整合（合杆）行动为例，上海启动的架空线入地与道路杆件整合行动，在满足各类设施道路安装位置，在同一杆件布置的情况下，设计了搭载路灯、交通信号灯、监控探头、标志标牌等各种类型设备的综合杆作为道路侧的综合服务体，从而合理有序地使用城市空间，美化城市环境。如今，智慧灯杆在全国多省市已经获得广泛的应用，结合各地特点形成多种建设和运营模式，已经发展成为融合多项技术，具备 Wi-Fi 接入、5G 基站、环境监测、道路监控、舆情监控、公共安全监测、信息发布、充电、一键求助等多种复合功能的新型基础设施。作为一种为不同场所按需提供不同的功能组合，进而形成多技术融合、跨界协同的智慧灯杆生态系统，其相关技术及应用标准不断开发完成，产业链逐步完善，产生了大量值得总结和借鉴的工程案例。

本书在对已经成功部署实施的优秀的智慧灯杆工程案例进行整理挖掘的同时，就智慧灯杆行业、技术与应用场景、智慧灯杆产业链、智慧灯杆建设和运营模式等主题进行系统化梳理分析，同时提出智慧灯杆设计要求，使读者在阅读精选案例之前先对智慧灯杆有更为全面的认识。而在智能道路照明、智慧城区、智慧道路、智慧园区、智慧旅游区、智慧高速公路等类别的精选案例分析中，本书力求从需求分析着手，描述每个项目的杆体设计、系统设计、项目建设效果，并进行收益及风险分析，内容翔实，具备实际参考性。

本书的编撰工作启动于 2022 年，其间不断进行新技术新内容的补充，它的完成和出版凝聚了所有参编企业和参编人员，尤其是核心编写小组的心血。同时，上海浦东智能照明联合会的伙伴以及该书的策划编辑与责任编辑都给予充分的耐心和支持，在此一并表示感谢。

"纸上得来终觉浅，绝知此事要躬行。"在此，我真切地期望所有从业者能够汲取本书的精粹，积极投入到更新智慧灯杆的工程建设中，不断总结新经验，融入新的技术，让智慧灯杆作为智慧城市建设的重要基础设施为建设可持续性发展的社会做出自己的贡献。

昕诺飞（中国）投资有限公司亚太区标准与法规高级总监

上海浦东智能照明联合会副会长

宿为民

2024 年夏

前言

本书从介绍智慧灯杆的工程案例入手，向读者展示了智慧灯杆的技术理论和功能应用，并对现有的智慧灯杆项目模式及未来的智慧灯杆行业发展趋势进行展望。书中以不同应用场景中的项目案例为切入点，系统地剖析了智慧灯杆的系统架构和相关技术，不仅涵盖了当前理论研究的成果，还浓缩了工程实践经验的总结，可作为从业人员的工作参考指南。

智慧灯杆作为传统基础设施与新型信息通信技术融合的典范，在"新基建"的众多领域发挥着重要作用。本书深入探讨智慧灯杆的技术架构、功能模块、结构强度要求、表面处理工艺、安全用电及接地、照明及控制、通信协议、安全机制以及发展趋势。本书的工程案例向读者展示了智慧灯杆技术带来的照明存量改造、节能降耗以及车来亮灯、按需照明的低碳措施，车路协同的智能化应用，城市中人、车、物联动的智能场景。我们可以看到智慧灯杆的诸多优势：

①多技术融合：智慧灯杆集成了照明、物联网、通信、感知、发布、控制等多种技术，实现了多种功能的集成与联动应用，提高了物联网资源利用率和效率。

②边缘计算：智慧灯杆可以实现边缘计算，将数据处理和分析任务下沉到设备端，降低网络延迟风险，提高系统响应速度和可靠性。

③智能运维：智慧灯杆可以利用人工智能技术进行智能照明控制、环境监测、交通分析等，结合平台端策略，实现更加智能化的城市管理。

④安全可靠：智慧灯杆建立了完善的安全防护体系，包括数据安全、设备安全、网络安全等，确保系统的安全可靠运行。

未来，智慧灯杆技术将朝着更加开放、灵活、可扩展的方向发展，通过应用新技术、新理念，智慧灯杆将实现更加智能、高效、安全的城市服务和智慧化运营。

上海三思电子工程有限公司总工程师
上海浦东智能照明联合会副会长
姜玉稀
2024 年 7 月

目录

第**1**章

智慧灯杆行业、技术与应用场景

1.1 智慧灯杆缘起

智慧灯杆作为智慧城市的基础设施，起源于2014年的西班牙巴塞罗那世界移动通信大会，它将电信设备安装在路灯灯杆中，帮助电信运营商改善移动网络的性能，同时缓解了城市以往在规划电信设备安装时产生的杂乱无序的情况。通过这个模式，爱立信可以把移动电信设备安放在飞利浦路灯灯杆内，飞利浦将为城市提供整合了爱立信移动电信设备的LED路灯，而与爱立信合作的移动运营商就可以租用灯杆内的空间，用以构架城市移动宽带网络，提升网络覆盖率和数据容量，从而为市民提供更好的移动宽带服务。这种模式能够加快城市基础设施的投资回收期，使城市更容易负担这些系统的前期安装和管理费用，从而减轻预算压力。

在国内，智慧灯杆起源于2015年，当时国内企业已经开始研制搭载充电桩、LED显示屏、传感器等

智慧设备的智慧杆，而引起大量关注的则是2018年在上海开始的道路灯杆整合（合杆）行动。为了合理、有序地使用城市空间，美化城市环境，上海启动了架空线入地、道路杆件整合行动，开启在智慧城市中对智慧灯杆的应用。随着城市迅速发展，公安、交警、路政等各类权属单位对道路空间的建设设备的需求也不断增大。由于缺乏长期规划，随着时间推移，为满足交通信号灯系统、监控系统、标志标牌系统等城市公共服务的正常运营，道路侧杆体、箱体均出现了重复建设，而且新建设施设备时，往往需要重复掘路，一定程度上造成了公共资源的浪费。上海市合杆行动在满足各类设施道路安装位置，在同一杆件布置的情况下，设计了一种搭载路灯、交通信号灯、监控探头、标志标牌等各种类型设备的综合杆作为道路侧的综合服务体。

1.2 智慧灯杆内涵和发展

智慧灯杆源于利用LED道路照明设施给通信设备提供站点的设想。从LED道路照明发展的角度来看，智慧灯杆发展经历了4个阶段：①从传统道路灯具替换为LED道路灯具阶段；②LED道路灯具发展阶段，提高LED道路灯具质量，提高LED灯具能效并延长

寿命；③智能LED灯具阶段，优化智能控制；④最终发展到与众多的通信设备、传感设备、显示设备等智慧城市中的感知设备相结合的智慧灯杆（图1-1）阶段。

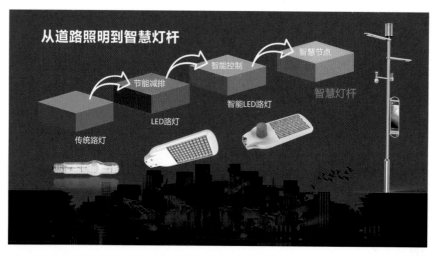

图1-1 智慧灯杆演进图（图片来源：上海三思电子工程有限公司）

1.2.1 传统道路照明路灯

传统路灯仅提供照亮道路的基本功能。随着我国城市的发展、经济的繁荣、社会的进步、人民生活水平的改善，以及环境质量的提高，提供一个更好的光环境，降低能耗和方便运维是传统路灯急需解决的问题。我国传统路灯经历了白炽灯、高压汞灯、高压钠灯、节能型荧光灯的发展历程，从光源出发提升了道路照明灯具的节能水平与照明质量。

1.2.2 LED 路灯

普通 LED 路灯是采用 LED 光源制作的路灯，具有高效、节能、寿命长和质量高的特点。LED 路灯可控制、可调光的特性，使之可以根据使用需求来调节功率和光输出，在保证道路照明质量的同时进一步实现节能的效果。随着 LED 性能不断提高、价格不断下降，以及 LED 灯具在国内市场上的实践摸索和经验总结，当前 LED 路灯的性能指标已经超过传统路灯，LED 路灯全面替换传统路灯的时代已经到来。

1.2.3 智能路灯

在路灯控制方面，传统的节能控制方式采用关断部分照明达到节能效果，如采用"半夜灯"和"斑马灯"模式，但城市道路照明采取半夜灯和斑马灯是不科学的，这是由于该种节能方式不但给夜间的行人和车辆造成安全隐患，而且提高了路灯的管理和运营成本。建设和发展城市道路照明和景观照明需要支付较高的照明综合费用（电费和维修、维护费）。如何使道路照明质量更有保障，城市公共照明的综合费用进一步降低，一直是道路照明灯具的发展方向，也是传统路灯向智能路灯转变的起因。

随着城市规模的不断扩大，路灯数量迅速增长，过去的人工控制方式在按需控制、节能、故障实时监控处理等方面已经越来越不能适应城市的发展。具有更多附加价值的智能路灯应运而生。

智能路灯在使用高效 LED 光源的基础上，使用无线（本地无线或远程无线通信）或电力线通信（PLC）等通信控制技术可以实现节能降耗，方便运营维护、自动地达到预设的照明效果。智能路灯可以进行单灯控制、分组控制、本地自控或远程控制，一方面有效增加路灯自动控制手段，另一方面可以自动上报故障和运行状态，大大降低运维成本。

在智能照明控制技术的基础上，通过单灯控制器、集中控制器等智能控制装置，结合摄像头、红外线、激光雷达、光感知等传感技术，可以形成一个物联网系统，使智能照明能够根据环境光照度、人流量、车流量进行智能化调节，比如调节路灯的开关和输出功率等，从而实现按需照明，最大限度地节能。通过利用远程通信技术和云平台，还可以进一步实现超远距离和超大范围的智能路灯控制。

同时，在基于 5G 发展构建的高数据流量和高传输速率的物联网环境下，路灯及其系统在智慧城市中有天然的信息感知与反馈平台，路灯单体的高度和内腔容量较大，足以在一体化的设计要求下搭载各种传感器及感知设备、高清摄像头等。利用物联网及互联网技术，使路灯成为智慧城市信息采集终端和便民服务终端，成为智慧城市重要的切入口，也让智能路灯成为智慧城市发展最理想的物联网搭载平台。

1.2.4 智慧灯杆

对于"智慧灯杆"的概念和内涵，不同领域有不同的理解。智慧应用领域侧重于"智慧"，运维管理领域则侧重于"多功能"和"管理"。作为一个时代的新产物，它的定义一方面是由其产生的社会价值来确定的，另一方面也要兼顾历史背景及未来发展潜力。不管是"智慧"，还是"多功能""管理"，都在某一方面阐释着"智慧灯杆"的某一功能，发挥着某一作用。

本书把具有集成多种设备的智能化控制的路灯，搭载多类智慧化功能设施的多杆合一，以及智慧多功能杆统称为智慧灯杆。智慧灯杆使用人工智能、物联网、云计算、大数据等新一代信息技术，是具有远程调控、协同管理、边缘计算和智慧应用的智慧城市基础设施。其主要有以下三个特点：

①支持智能照明：智慧照明系统可对照明设备进行监控和管理，这是智慧灯杆的基础功能。

②集成多设备，资源集约，给集成设备提供站点资源：集成多种环境传感，比如摄像头、信息屏、广播设备、通信基站等非照明用设备设施。

③集成多设备并进行多设备的数据协同，开发新型应用：通过边缘计算或云端集中计算，将智慧灯杆上集成的多种设备数据进行协同联动，提高管理效率，发展多项创新应用。

从智慧应用领域角度看，智慧灯杆不仅仅是设备的系统集成，提供更加强大的功能，更强调建设智慧城市时所起到的作用。它包含基础设施照明以及智慧化建设的前端基础设备，例如满足不同场景下各种功能的摄像头拍摄，可作为信息发布载体的户外 LED 显示屏、广告灯箱、广播，紧急情况及时求助的一键告警器，可实时监测空气质量及周边环境的传感器，符合国家新能源发展战略的电动汽车充电桩，市政设施井盖、垃圾桶、雨水污水的积水监测器，倾角传感器、自动巡检无人机，便民手机与电瓶车充电桩等。

从运维管理角度看，智慧灯杆承载的是目前城市交通运转必不可少的交通安全设备，例如信号灯、智能交通违章监摄管理系统（电子警察）、道路交通治安卡口监控系统（卡口）、补光灯、道路标志牌等设施，除此以外，灯杆上还预留了未来 5 年城市建设及发展所需要的设备空间。智慧灯杆的建设工程也同步解决了施工电缆、光纤、管线等附属工程，使得工程建设更加体系化、运维管理更加便捷化。

总体来看，智慧灯杆的发展经历了以下三个阶段：

①1.0 时代：路灯本身照明节能及控制功能的智能化运行。通过传统的通信组网技术实现对路灯的远程集中控制与管理。

②2.0 时代：路灯通过各类传感器的应用更加节能，实现按需照明，同时，灯杆加载更多功能，为各设备提供供电及挂载位置服务，比如城市环境监测、视频监控、紧急呼叫、手机充电等，各功能之间没有明显关联。

③3.0 时代：基于杆体集成的多种智慧化设备，通过与物联网、人工智能、大数据等新一代信息技术的结合，实现基于云平台和边缘计算等算力、算法资源的智慧化功能开发，注重对人的信息合理收集和利用，实现人与物、物与物、现实与虚拟等之间的联动和交互（图 1-2）。

图 1-2　智慧灯杆 3.0（图片来源：上海三思电子工程有限公司）

　　总之，智慧灯杆是人类交互空间的数据信息坞，拥有自己的大脑，可将所有设备整体统管，满足不同用电设备的各种电压需求，解决所有数据回传的通信需求。除此以外，灯杆上所有的挂载设备都可接入统一的运维管理平台，使得设备能够正常运行，平台数据的可视化帮助城市管理者提高管理效率，这些数据是城市大脑中重要的组成部分。智慧灯杆的建设将对城市市政道路、智慧园区、智慧旅游景区、智慧校园、智慧高速、智慧服务区以及其他相关场景，展现各地的人文风貌起到重要的作用。

1.3　智慧灯杆需求

　　大多数的智慧灯杆项目都以解决道路亮化照明为基础，通过智慧灯杆的建设实现智慧城市基础设施建设。在智慧城市的建设中，智慧灯杆不仅是灯，也是智能感知和网络服务的节点，它像城市的"神经网络"一样，是整个智慧城市的触角。对此，不同的职能部门对智慧灯杆的建设需求存在差异。

1.3.1　政府部门需求

1）绿色节能

　　灯杆上挂载的灯具的耗电量无疑是城市的一项巨大开支，节能高效的灯杆利用自动调光技术，可以将能耗降低 70%，能够很好地解决城市的能源消耗问题。

2）网络覆盖

城市的快速发展需要遍布城市以及联动城市的 5G 信号或无线宽带网络，为政府的公共安全、智能交通、公共管理、行政执法等城市职能部门提供用于电子政务、智能办公、应急救援、远程信息交互等功能的移动宽带网络接入服务。智慧灯杆集成 5G 基站、Wi-Fi 路由器，可实现道路覆盖范围内的 5G 信号、无线宽带网络的无缝覆盖。

3）信息发布

政府重要会议精神以及重大决策需要一个宣传平台，智慧灯杆集成显示屏可以实现视频上传播放，并保证信息安全。

4）城市安防

公安部门有完善的应急指挥调度的需求，智慧灯杆能够实现远程实时指挥，并随时掌握突发案件的现场情况。智慧灯杆集成摄像头监控系统可以完善整个城市的治安监测控制的需求，构建无处不在的无线监控网络。

5）交通信息

交通部门有交通道路状况的动态监控需求、车辆的交通管理需求、公路桥梁等收费工作的智能监督管理需求，还有交通应急处理的需求，智慧灯杆集成的智能监控系统及车路协同系统可以打造智能交通。

6）应急处理

政府应急办公室面对自然灾害、突发事故等紧急事件时有应急处理的需求，智慧灯杆集成的紧急呼叫和对讲系统可以及时对外广播调度，处理突发事件。

1.3.2 产业链相关方需求

与智慧灯杆建设相关的产业链涉及生产照明、显示屏、摄像头、集成类网关控制等类型的企业，与智

慧灯杆运营相关的方向包括管理运营部门，如广告平台运营公司、市政建设工程公司等。

众多的设备相关企业继续在智慧灯杆产业寻找新的业务增长点，促进产品创新和升级换代，扩大企业规模。

管理运营的相关方，如广告平台公司可以利用智慧灯杆集成的超清显示屏播放商业广告，满足企业需求，从而更有效地打造市场效应，使产品得到宣传。

智慧灯杆工程项目建设的相关方可通过选择不同合作模式，从而实现建设单位、参与企业与政府单位的共赢。

1.3.3 公众用户需求

1）信息获取

天气预警、公共信息、市政信息、交通拥堵状况等信息的及时获取和掌握。

2）电子导航

在线电子地图，对于交通状况的实时了解，失物无线定位和跟踪等。

3）旅游信息

旅游期间地图、宾馆等信息的获取，需要不间断的室外 Wi-Fi。

4）休闲娱乐

移动办公、在线交易转账、上传下载文件、收发邮件办公、野外勘测、异地办公等，都需要室外 Wi-Fi。

5）安全求助

市民还需要一个安全监控保障平台，确保自己的利益不受侵犯；需要紧急求助平台，方便第一时间获得援助。

综上所述，智慧灯杆都有对应的功能来解决各需求部门所面临的问题，并能为其提供很好的体验感。

1.4　智慧灯杆技术

1.4.1　简介

智慧灯杆是一种融合多项技术的新型基础设施，是一种基于城市综合杆件的物联感知网络及交互体系，由综合杆件和物联感知网络及交互体系两个部分构成。其中，综合杆件的杆体本身作为物理承载端，形成了城市基础设施体系；而物联感知网络及交互体系则依托移动通信技术、感知网络技术、信息安全技术、边缘计算技术、物联网技术、大数据与云计算等新兴技术来实现，其形成的核心功能通过综合杆件的杆体和杆体设备搭载，实现设备数据采集、数据传输与分析，进而形成一种多技术融合、跨界协同的智慧灯杆生态系统。

由于感知、通信、云计算、大数据、物联网等新兴信息通信技术的不断兴起和蓬勃发展，多种智慧化设备在智慧灯杆上进行安装和数据采集，使智慧灯杆成为智慧城市中不可或缺的感知单元的重要载体，成为新型智慧城市中重要的基础设施。其不仅可以实现在智慧照明、智慧市政、智慧高速等特定行业领域的应用，还可以支撑智慧园区、智慧社区、智慧景区、美丽校园建设等涉及较多跨行业、跨部门的综合型场景应用和推广，并引领着智慧城市更快地向纵深发展。

智慧灯杆通过与高效可靠的通信技术的融合和集成，实现了以灯杆为载体的信息采集、信息传输、信息发布、数据处理和控制执法等综合应用。使智慧灯杆能够根据车流量实现自动调节亮度、远程照明控制、无线网络覆盖、故障自动告警、灯具线缆防盗、远程抄表等功能，从而大幅度节省电力资源，提升公共照明管理水平，减少城市照明运营成本。使得市政管理、交通管理、人口管理、公共安全、应急管理等社会管理领域的信息化体系基本形成，降低维护和管理成本并利用计算等信息处理技术对海量感知信息进行处理和分析，对包括民生、环境、公共安全等在内的各种

需求做出智能化响应和智能化决策支持。使城市道路照明达到"智慧"状态。

此外，智慧灯杆也称为"多功能灯杆"，以照明杆为基础，通过将照明杆与现有的交通设施做整合，按照能合则合原则，将交通安全类设施优先布设，交通检测类设施按需布设，交通指示类设施适当调整布设，其余城市已有附属设施就近布设。将交警智能化设备、交通安全标志牌设备、公安抓拍设备、城市基站设备等和灯杆做了合理有序的合并，实现了城市杆件的共建共享，从而提高杆体空间及附属管道利用率，减少杆件建设数量，达到美化空间的效果。

1.4.2　物联网感知交互技术

物联网感知通过处理搜集到的环境信息进行人机交互，其中主要包括传感器技术、视觉技术和信息发布技术。

传感器是把外界输入的非电信号转换成电信号的装置。传感器可以起到延伸性感知系统测量的作用和便于数据直观读取的作用，通过将被测物理量转换成电信号，调制传送给测试、处理系统并显示。

在智慧灯杆系统中，传感器技术如同城市神经末梢系统的神经元，发挥着不可替代的作用，相比单一物理传感器，智慧灯杆搭载的设备应用涉及多个功能。例如，环境监测系统的风、光、电、热、气等多类数据采集敏感元器件；对道路信息，如人、车、窨井盖、分类垃圾桶等进行多方面、多参数感知。

视觉技术主要用计算机来模拟人的视觉功能，即从客观事物的图像中提取特征信息，对特征信息进行降维处理以后加以分析、理解，最终用于实际检测、工业测量和控制。搭载在智慧灯杆上的摄像头，其机

器视觉图像检测、分类、识别和定位等功能的实现均依赖计算机视觉技术。

城市、园区、学校领域的智慧化建设需要一个信息发布的智能节点,它不仅仅是一个信息发布平台,使人们可以快速便捷地获取所在地区生活领域的最新消息、市场最新广告动态,同时也是官方公信实力的延展,是政府信息发布、节假日政府进行爱国主义宣传的绝佳平台。因此,智慧灯杆的信息发布系统需要在信息安全、数据安全上做到万无一失,双向认证、国密算法等信息安全手段成为智慧灯杆最重要的一道安全防线。

1.4.3 通信连接技术

1)有线网络技术

有线网络技术指设备之间用物理线缆直接相连来传输数据的技术。智慧灯杆上用到的有线通信技术主要有电力线载波、RS-232 串口、RS-485 总线、以太网等。

电力线载波:X-10 通信协议以电力线缆为通信媒体。其缺点在于许多设备间进行单向通信,没有反馈机制,因为其控制元素是不完善的,通信媒体单一,通信速率较低。电力线通信总线技术(PLC-Bus)技术是一种高稳定性及较高价格性能比的双向电力线通信总线技术。

RS-232 串口:串行通信接口,属单端信号传送,存在共地噪声和不能抑制共模干扰等问题,因此一般用于 20m 以内的通信,常用的串口线一般只有 1 ~ 2m 长。

RS-485 总线:RS-485 采用平衡发送和差分接收,具有抑制共模干扰的能力,传输信号能在千米以外得到恢复。RS-485 可以联网构成分布式系统,用于多点互联时非常方便,可以省掉许多信号线,最多允许并联 32 台驱动器和 32 台接收器。

以太网:包括标准的以太网(10Mb/s)、快速以太网(100Mb/s)和10G(10Gb/s)以太网。它们都符合 IEEE802.3 的标准,在 IEEE802.3 中规定了包括物理层的连线、电信号和介质访问层协议在内的内容。

2)无线网络技术

无线网络技术是指设备之间用无线信号传输信息的技术。智慧灯杆上用到的无线通信技术主要有 Wi-Fi、蓝牙、紫蜂协议(ZigBee)、窄带物联网(NB-IoT)、长距离广域网(LoRaWAN)、LTE 终端能力等级 1(Cat.1)等。

Wi-Fi:基于 IEEE802.11 技术标准的无线局域网,可以看作是有线局域网的短距离无线延伸。组建 Wi-Fi 只需要一个无线访问节点(一般称为无线 AP)或是无线路由器就可以,成本较低。

蓝牙(Bluetooth):使用 2.4 ~ 2.485GHz 的 ISM 频段的 UHF 无线电波,基于数据包,有着主从架构的一种无线技术标准。蓝牙使用跳频技术,将传输的数据分割成数据包,通过 79 个指定的蓝牙频道分别传输数据包,每个频道的频宽为 1MHz。蓝牙 4.0 使用 2MHz 间距,可容纳 40 个频道。

ZigBee:基于 IEEE802.15.4 技术标准的低速、短距离、低功耗、双向无线通信技术的局域网通信协议。特点是近距离、低复杂度、自组织(自配置、自修复、自管理)、低功耗、低数据速率。单点传输距离在 10 ~ 75m 的范围内,其电池工作时间一般在 6个月到 2 年左右,在休眠模式下可长达 10 年。

NB-IoT:窄带物联网构建于蜂窝网络,只消耗大约 180kHz 的带宽,使用 License 频段,可采取带内、保护带或独立载波三种部署方式与现有网络共存。可直接部署于 GSM 网络、UMTS 网络或 LTE 网络,以降低部署成本,实现平滑升级。但需要通过电信运营商(电信、移动、联通)的基站网络才可以正常使用。可直接和云平台通信,可以单独组成网络使用。

LoRaWAN：是基于 LoRa 的低功耗广域网，它能提供一个低功耗、可扩展、高服务质量、安全的长距离无线网络。借助于 LoRa 长距离的优势，LoRaWAN 采用星型无线拓扑，有效延长电池寿命，降低网络复杂度，后续可轻易扩展容量。

Cat.1：上行峰值速率与下行峰值速率分别为 5Mb/s 与 10Mb/s，通信能力属于中低速档次，可以视为低配的 LTE 技术，能满足一定程度上的高速移动、时延敏感、支持语音、低成本和低功耗的场景需求。Cat.1 相比增加机器类通信（eMTC）和 NB-IoT 具有网络覆盖广、建网成本低和通信效果好等优势。Cat.1 具有高可靠、低延时、低功耗、低成本、中速率的技术特点，以及对现有 4G 基础设施无缝兼容的特性，让它更加适应未来的中速移动物联网的需求。

5G：即第五代无线移动通信技术，具有约 5ms 的低延迟（4G 的延迟在 60～98ms 范围内）、下载速度为 10Gb/s（4G 下载速度为 1Gb/s）、高频信号需要小型蜂窝技术，低频信号需要蜂窝塔（而 4G 只能使用蜂窝塔传输信号）等核心特征。在智慧城市场景中，5G 可以通过在包括监控摄像头和交通信号灯传感器在内的各种交通物联网设备之间实现高效连接来增强交通管理，还可以通过有效监控能源消耗和确定资源节约方式来提高城市的节能能力。在不久的将来，5G 也将有助于将无人驾驶汽车连接到所有交通物联网设备，创造一个智能交通环境。智慧灯杆优秀的点位、广泛的分布使其成为 5G 移动通信基站的良好载体，优化的 5G 网络是众多"5G+"应用场景的基础，搭载了多种设备的智慧灯杆在 5G 网络的赋能下可以高效地提供多领域的"5G+"智慧公共服务。基于 5G 三大场景部署，可以为智慧城市提供海量城市数据信息，面向 5G 移动通信的应用与发展是构建数字孪生城市的基础。

1.4.4 智能控制技术

智能控制技术是根据物联网感知交互技术收集数据，通过通信连接技术将数据信息传输到处理节点，通过算法或模型对数据进行处理，对设备进行智能控制的技术。

智能照明控制就是利用计算机技术、网络通信技术、自动控制技术等现代科学技术，通过对环境信息和用户需求进行分析和处理，实现对照明的整体控制和管理，以达到预期的照明效果。在道路照明系统中，智能照明涵盖智能路灯、智能道路照明控制系统和智慧灯杆。

智能道路照明控制系统主要由灯具、照明控制器、网关（可选）、物联网管理平台（可选）和智能道路照明管理平台组成。自上而下，该系统的第一层是控制管理的应用平台层，第二层是物联网设备接入管理和数据管理层，第三层是各类通信传输层，第四层是灯具和各类感知控制设备设施。智能道路照明管理平台具有设备控制、场景编程、定时预约、设备关联、策略制定、数据采集与存储、报表分析、故障告警，以及界面可视化等功能。照明控制器也称为单灯控制器，具有数据采集和电能计量、灯具控制、脱网独立运行、异常防护等功能，南向与灯具接口的控制协议有 1～10V、PWM、DALI 等，北向与网关或上级服务器连接的通信协议有 ZigBee、LoRaWAN、NB-IoT、Cat.1 等。目前国内的单灯控制器较多使用 ZigBee 和 LoRaWAN，需要有偿使用通信运营商网络的 NB-IoT 由于带宽不够，正渐渐被具有较大带宽的 Cat.1 所取代。

1.4.5 杆体集成技术

智慧灯杆合一技术并非字面意义的简单合并，而是在满足道路基本照明要求的基础之上满足其他城市管理部门和行业的使用需求。具体需求有以下三点：

① 道路照明灯具安装需求：要求科学地布置路灯及景观灯具，达到道路照明要求的同时不影响道路美观和节能的效果。

② 道路指示标牌需求：道路交通标志一般设置在路侧或道路上方，给道路使用者提供确切的道路交通信息，使道路交通达到安全、畅通、低公害和节约能源的效果。

③ 公安或城市管理监控系统设备和交通信号灯需求：公安监控系统具有很高的优先级别，智慧灯杆需要确保安防优先。交通信号灯需要智慧灯杆严格满足交通法规要求，保证信号灯能被司乘人员清楚地看到而不会引起识别和判断歧义。交警智能化设备的智慧灯杆需要保证电子警察、反向卡口、补光灯等设备能

正常工作，距离及角度合理，可作为交警部门执法的依据。

以上智慧灯杆需要确保设备在杆体上安装好实施，用电有保障，回传无障碍，抓拍稳定不失真，数据安全可靠。此外，交通标志牌的智慧灯杆由于迎风面积较大，需要保证合杆后的钢结构强度不受风力影响而发生形变或断裂，高耸结构基础不会因风载荷的加大而发生倾覆。第 4 章将从合杆的材质、设备加装方式、承重、防风防震等角度详细剖析杆体集成技术。

1.5 智慧灯杆标准

1.5.1 关于国际标准

目前，国际上相关标准化组织和团体主要有国际电工委员会（IEC）、国际标准化组织（ISO）、欧洲电信标准化协会（ETSI）以及国际户外照明联盟（TALQ 联盟）等。国际组织和团体的标准化工作主要是传统照明向智慧照明的延伸。国际电工委员会灯和相关设备的标准化技术委员会（IEC/TC 34）正在开展照明系统用智能照明产品（Intelligent lighting products for lighting systems）的标准化预研工作，光与照明国际标准化技术委员会（ISO/TC 274）发布了《自适应照明系统的照明和照明调试流程》（*Light and Lighting-commissioning Process of Adaptive Lighting systems*，ISO 21274：2020），TALQ 联盟聚焦异构户外照明系统接口开展标准化工作。目前国际上面向多功能智慧杆塔的标准研究仍处于初期阶段。2020 年 11 月，ETSI 发布《用灯杆承载感知设备和 5G 网络》（*The use of lamp- posts for hosting sensing devices and 5G networking*，ETSI TS 110 174—2—2）， 该标准从全球视角出发，在考虑欧洲智慧城市信息化建设需求的基础上，提出在路灯杆上挂载感知设备、5G

基站的物理承载、供备电及能源监控、布线和配套设施等要求。

1.5.2 相关国家标准

2021 年 10 月，国家标准《智慧城市 智慧多功能杆系统 总体要求》（计划号：20214353—T—469）正式立项，围绕智慧多功能杆系统可实现的城市服务功能，对智慧多功能杆系统提出总体的技术要求。在智慧多功能杆上搭载通信模块、传感器、信息屏和摄像头等，再通过 4G、5G 或光纤把数据传输到后台，可以实现城市的全方位监测与控制，真正把智慧城市建设落到实处。该标准将为智慧多功能杆的发展提供指导，促进信息技术在该产业中的应用。2021 年 11 月，国家标准《智慧城市 智慧多功能杆 服务功能与运行管理规范》（GB/T 40994—2021）正式发布，并于 2022 年 3 月 1 日开始实施。该标准规定了智慧灯杆的总体要求、服务功能要求、服务提供要求和运行管理要求，适用于城市道路、广场、景区、园区和社区等场景下的智慧多功能杆的服务功能设计和运行管理。

1.5.3 相关地方标准

随着智慧灯杆建设的持续推进，国内发布的地方标准数量逐渐增多，已呈现从省级向地市级、县级传导的趋势。目前，广东省、湖南省、江苏省、浙江省、安徽省、江西省、河北省、北京市、上海市等均已发布省级智慧灯杆相关标准或技术规范。杭州市、南京市、深圳市、广州市、成都市、宁波市、青岛市等地市出台了地级市相关标准。同时相关标准内容在不断细化（表 1-1）。

表 1-1　智慧灯杆相关地方标准汇总

标准号	名称	类型	发布时间	发布单位
DB3502/T 086—2022	《智慧多功能杆建设技术导则》	厦门市地方标准	2022 年 8 月	厦门市市场监督管理局
DB5101/T 142—2021	《成都多功能灯杆设置安装技术规范》	成都市地方标准	2021 年 12 月	成都市市场监督管理局
DBJ/T 36-063—2021	《江西省智慧灯杆建设技术标准》	江西省工程建设标准	2021 年 8 月	江西省住房和城乡建设厅
甬 DX/JS 010—2021	《宁波市多杆合一建设技术细则（试行）》	宁波市工程建设地方细则	2021 年 6 月	宁波市住房和城乡建设局
DB34/T 3956—2021	《城市道路杆件综合设置技术标准》	安徽省地方标准	2021 年 6 月	安徽省市场监督管理局
DB34/T 3948—2021	《城市智慧杆综合系统技术标准》	安徽省地方标准	2021 年 6 月	安徽省市场监督管理局
DB33/T 1238—2021	《智慧灯杆技术标准》	浙江省工程建设标准	2021 年 2 月	浙江省住房和城乡建设厅
DB13/T 5355—2021	《智慧共享杆设计技术规范》	河北省地方标准	2021 年 1 月	河北省市场监督管理局
DBJ43/T 013—2020	《湖南省多功能灯杆技术标准》	湖南省工程建设地方标准	2020 年 12 月 1 日（开始实施）	湖南省住房和城乡建设厅
DB1331/T 007—2022	《雄安新区多功能信息杆柱建设导则》	雄安新区地方标准	2020 年 12 月	河北雄安新区管理委员会
DB37/T5247—2023	《青岛市多功能智能杆建设标准》	青岛市地方标准	2020 年 11 月	青岛市住房和城乡建设局
DB32/T 3877—2020	《多功能杆智能系统技术与工程建设规范》	江苏省地方标准	2020 年 10 月	江苏省市场监督管理局
DB3201/T 1015—2020	《城市道路多功能灯杆设置规范》	南京市地方标准	2020 年 8 月	南京市市场监督管理局
DB3301/T 0402—2023	《杭州市多功能智慧灯杆技术要求（试行）》	杭州市地方标准	2020 年 3 月	杭州市市容景观发展中心
—	《成都市公园城市智慧综合杆设计导则（试行）》	成都市地方标准	2020 年 1 月	成都市规划和自然资源局
DB4403/T 30—2019	《多功能智能杆系统设计与工程建设规范》	深圳市地方标准	2019 年 9 月	深圳市市场监督管理局
DBJ/T 15-164—2019	《智慧灯杆技术规范》	广东省地方标准	2019 年 8 月	广东省住房和城乡建设厅
DB4403/T 30—2019	《深圳市多功能杆智能系统技术与工程建设规范（试行）》	深圳市地方标准	2018 年 10 月	深圳市经济贸易与信息化委员会

1.5.4　相关团体标准

截至 2022 年 5 月，我国已发布超过 30 项智慧灯杆团体标准，另有团体标准处于在研阶段，总体呈现集中爆发态势，涉及内容广泛。从标准制定组织来看，参与制定智慧灯杆团体标准的组织主要有行业性团体组织、地方性团体组织。其中，行业性团体组织主要包括中国照明学会、国家半导体照明工程研发及产业联盟、中国照明电器协会、中国通信企业协会、中国城市科学研究会等，地方性团体组织主要包括江苏省市政工程协会、深圳市半导体产业发展促进会、深圳市智慧杆产业促进会、广州市标准化促进会、广东省电子信息行业协会、中山市智慧杆产业联合会、北京

电信技术发展产业协会、河北省信息产业与信息化协会、云南省智慧城市集成服务商协会、浙江省品牌建设联合会、上海浦东智能照明联合会等。

各团体组织制定的智慧灯杆标准更多关注的是智慧灯杆的设计、功能和性能要求，相关的测试和验收方法标准相对较少。同时随着 5G 技术的不断发展和成熟，智慧灯杆成为 5G 基站建设的发展，但目前行业还缺少与智慧灯杆相关的无线通信的规范要求。相关标准、要求的补充，能够为智慧灯杆和智能设备的设计单位、生产企业、改造方提供指引和发展方向（表 1-2）。

表 1-2　智慧灯杆相关团体标准汇总

标准号	名称	发布时间	发布机构
T/SILA 005—2022	《智慧灯杆网关规范》	2022 年 8 月 19 日	上海浦东智能照明联合会
T/CAICI 36.1—2022	《智慧灯杆　支撑子系统　第 1 部分：供电子系统》	2022 年 4 月 13 日	中国通信企业协会
T/HBIIIA 001—2022	《多功能智慧灯杆系统技术规范》	2022 年 1 月 28 日	河北省信息产业与信息化协会
T/GNDECPA 0011—2021	《智慧灯杆云软件功能规范》	2021 年 12 月 30 日	广州市南沙区经济合作促进会
T/GDEIIA 7—2021	《智慧灯杆系统通用检验方法》	2021 年 10 月 09 日	广东省电子信息行业协会
T/ZSSPIA 001—2021	《智慧路灯系统技术与工程建设规范》	2021 年 6 月 28 日	中山市智慧杆产业联合会
T/CIES 029—2019	《多功能智慧灯杆系统应用技术标准》	2020 年 10 月 29 日	中国照明学会
T/SPIA 003—2020	《智慧杆检测验收规范》	2020 年 7 月 31 日	深圳市智慧杆产业促进会
T/CAICI 24.1—2020	《智慧灯杆系统测试方法　第 1 部分：总则》	2020 年 5 月 20 日	中国通信企业协会
T/CAICI 23.1—2020	《智慧灯杆总规范　第 1 部分：框架、场景和总体要求》	2020 年 5 月 20 日	中国通信企业协会
T/SPIA 001—2020	《智慧杆施工规范》	2020 年 4 月 14 日	深圳市智慧杆产业促进会
T/YSCI 002—2019	《智慧灯杆设计、施工及验收规范》	2019 年 12 月 27 日	云南省智慧城市集成服务商协会
T/TDIA 00007—2019	《多功能智慧杆总体框架及系统功能规范》	2019 年 11 月 01 日	北京电信技术发展产业协会
T/GZBC 13—2019	《广州市智慧灯杆（多功能杆）系统技术及工程建设规范》	2019 年 6 月 14 日	广州市标准化促进会
T/CALI 0802—2019	《多功能路灯技术规范》	2019 年 4 月 12 日	中国照明电器协会

1.6　智慧灯杆应用场景

智慧灯杆可应用于市政道路、城区、园区、校园、景区、高速服务区等多种应用场景，可集成包括移动通信基站设备和物联网关在内的多种信息通信服务设备、公共服务设备、专用设备、传感器等设施。智慧灯杆具备的功能由灯杆点位和高度、挂载的设备和传感器、边缘计算设施和管理平台共同决定，可在人工智能、云计算、大数据等信息与通信技术（ICT）的赋能下为各类应用场景提供丰富的智慧服务。

1.6.1　智慧道路

城市道路是指通达城市的各地区，供城市内部交通运输及居民使用，服务于居民日常生活、工作通勤及文化娱乐等活动，向外负责连接对外交通的道路。按道路等级分为快速路、主干路、次干路与支路，除此之外，还有地下道路、高架路等特殊道路。在此场景下，智慧灯杆的应用特征主要为以下三点：

① 必选配置包括智能照明。

② 服务及挂载设备需具备视频采集、移动通信、交通信号等，可选配置应根据具体情况选择公共广播、智能交通、气象监测、一键呼叫等。

③ 杆体构造、布局特点、空间要求应根据城市道路交通、照明、监控、通信、指示等功能设计方案进行统筹考虑，并综合考虑设备的作业环境、空间体量、承重能力等限制因素和整体安全性、稳定性、外观协调性等作业要求；技术参数指标应满足杆装设备正常作业需求。

1.6.2　智慧城区

城市公共空间是指城市或城市群中，在建筑实体之间存在的开放空间体，是城市居民进行社交，举行各种活动的开放性场所，其目的是为广大公众服务。智慧城区是指充分借助互联网和物联网，发挥 ICT 基础设施等优势，通过建设智能楼宇、路网监控、个人健康与数字生活等诸多领域，构建城市公共空间的智慧环境，形成基于海量信息和人工智能处理的新的生活和社会管理模式，构建面向未来的全新城区形态。在此场景下，智慧灯杆的应用特征主要为以下三点：

① 重视公共服务：如 5G 基站、Wi-Fi 公共网络站点、手机充电端、信息发布屏等。

② 保障公共安全：通过摄像头对公共场所的人群行为进行监控拍摄，利用人工智能识别公共安全隐患，提供一键告警端口。

③ 强调信息安全：由于摄像头和信息发布屏中大量涉及公共秩序和个人隐私的数据，信息安全相对其他设备更为重要。

1.6.3　智慧园区

智慧园区更像是智慧城区的缩影，渗透着智慧城区建设中的方方面面。

1）产业（工业）园区

产业（工业）园区是指为促进区域重点产业发展而创立的特殊区位环境，是区域经济发展、产业调整升级的重要空间聚集形式，具有聚集创新资源、培育重点产业、推动城市化建设等一系列重要使命。目前我国正大力发展智慧园区，希望通过新一代信息技术和资源的整合，降低园区企业的运营成本，提高工作效率，加强各类园区创新、服务和管理能力，为园区铸就一套超强的软实力。最常见的类型有科技园区、文化创意园区、总部基地、物流园区、化工园区、生态农业园区等。智慧灯杆这个新型基础设施可以协助园区应用物联网技术感知、监测、分析、控制、整合园区各个关键环节的资源，同时通过智慧灯杆管理系统，将各子系统集中接入、管控，实现园区的一体化管理。在此场景下，智慧灯杆的应用特征主要为以下两点：

①服务及挂载设备要求：必选配置包括智能照明、视频采集、公共广播、环境监测等，可选配置应根据具体情况选择移动通信、交通标志、智能交通、一键呼叫等。

②杆体构造、布局特点、空间要求：在产业园区内部道路、周边以及相关户外开放场所部署。应考虑产业园区已有设备设施的配套。主要服务于园区内的人员、车辆、生产工艺、设备设施等。比如，可以通过智慧多功能杆上搭载的摄像头和人工智能算法对工地上的人员安全、安全帽识别、抽烟行为、资产盘点、渣土车、非法车辆等进行全方位的监测。

2）智慧校园

校园区域一般是指用围墙或道路等天然界限划分出的区域，用来承载校园功能，如教学活动、科研活动、体育活动、师生及其他人员日常生活。区域包括教学楼、体育馆、实验楼、宿舍楼、生活配套服务设施等；出入口通常会有保安站岗。在此场景下，智慧灯杆的应用特征主要为以下两点：

①服务及挂载设备要求：必选配置包括智能照明、视频采集、公共广播，可选配置应根据具体情况选择移动通信、信息发布。

②杆体构造、布局特点、空间要求：适合校园内道路、户外公共场所安装。主要服务于在校师生，由于校园人员密集，应充分考虑杆体本身的安全（防触电、防机械伤害等）。

1.6.4　智慧旅游

新基建背景下，以科技提升产品品质、管理效能、游客服务、文化体验成为旅游目的地持续发展的关键要素。目前，各大景区都在开展智慧灯杆的项目建设，实现以灯杆为载体，通过前端感知和网络覆盖为市政、交通、安防等专业提供服务，打造共建、共治、共赢的智慧景区。在景区的商业网点较集中、交易活动频繁且人流相对密集的地区，智慧化的建设更加注重设施与人的互动、智慧化设施之间的功能联动，智慧灯杆的应用特征主要为以下两点：

①服务及挂载设备要求：必选配置包括智能照明、视频采集、移动通信等，可选配置应根据具体情况选择环境监测、一键呼叫、智能停车等。

②杆体构造、布局特点、空间要求：旅游景区可能存在分散、偏僻的部署点，可以考虑采用风力、太阳能发电系统解决无电力供应问题。主要根据景区游客需求，提供信息发布、信息互动、紧急求助等服务。

1.6.5　智慧高速

交通是经济的脉络和文明的纽带。随着国民生活水平的不断提高，大家对于安全、高效、便捷的出行需求也在不断增长，这也在促进我国智慧高速公路的发展。"人享其行，物畅其流"是智慧高速的使命。高速公路虽然属于公共基础设施，但运营主体权责清晰，属于企业性质，以效益为目标，在"投资—回报"模式下，有动力在保障安全的基础上提升道路运力和服务水平。当前，传统高速公路存在碎片式信息采集、被动的事后处置、间断式推送服务等不足，智慧高速的建设是为了促进人、车、路与环境之间的深度融合，实现高速公路的建设、管理、养护、运营，以及服务全生命周期的数字化和智能化。在此场景下，智慧灯杆的应用特征主要为以下两点：

①服务及挂载设备要求：必选配置包括智能照明、智慧交通路测感知系统、车路协同系统、交通诱导系统、交通警示系统，可选配置应根据具体情况选择移动通信、信息发布。

②杆体构造、布局特点、空间要求：应适合高速道路安装。主要服务于司乘人员，助力智慧交通建设。

第2章
智慧灯杆产业链

2.1　智慧灯杆产业链全景

随着新一代信息技术的日益发展以及5G网络的普及，智慧灯杆已逐渐成为极具潜力的新型基础设施，越来越多的行业及公司加入了智慧灯杆的系统建设中。智慧灯杆是道路照明、信息通信、电力、安防、环境感知、信息发布、智慧交通、大数据、信息安全、系统集成等产业的高度融合，其全景产业链亦由这些组成。

从全球范围看，美国、德国、西班牙、荷兰、澳大利亚、新加坡、韩国、越南、印度尼西亚等众多国家均在智慧城市的建设探索中通过整杆替换或利用旧杆升级改造试点建设部署了智慧灯杆项目。其中，美国是全球较早试点建设智慧灯杆的国家，并于2018年开始批量开展了多个智慧灯杆改造和新装项目；西班牙、荷兰、德国等欧洲国家均通过在路灯杆上挂载传感设备提高城市运行效率；新加坡在"智慧国家2025"建设中全面采用了路灯杆智慧化的方案，计划将全国11万路灯杆升级为智慧灯杆；越南、印度尼西亚、韩国积极开展城市路灯杆监控系统的建设部署，旨在通过智慧杆实现交通控制及交通法规执行。此外，日本等国家聚焦新能源应用，将部署充电桩的智慧灯杆列为智慧城市发展重点事项。总体来看，全球各个主要国家均将智慧灯杆视为新型智慧城市建设的重要基础设施，旨在解决城市管理中遇到的各种问题以及实现城市运行数据价值的再深挖。

从国内情况来看，我国智慧灯杆试点建设项目遍布全国各省（市）。其中，上海、广东、北京、江苏、四川等地区的智慧灯杆试点项目已形成一定体量，且部分项目建设理念已处于世界领先水平，带动性较强。安徽、湖北、河南、云南、重庆等省（市）当前有大量智慧灯杆项目进入招标和智慧建设阶段。

2015年，上海市首批15盏智慧灯杆在大沽路上亮相，它具备照明、汽车充电、一键呼叫等八大功能。上海市自2018年起，伴随着架空线埋地和道路多杆合一整治工程，在一些工业园区、公园景区、商业步行街等都建设了不少具有当地特色的智慧灯杆。南京路多杆合一项目全部完成后，路面上的杆数比原来减少了近6成。多杆合一为上海智慧城市建设带来了多重效益，实现了资源的"共享、集约、统筹"，降低了城市建设成本，除此之外还在提升城市运维效率上发挥了重要的作用。截至2020年底，上海已建智慧灯杆数量超过1.5万套，并在2022年底前再建2万套智慧灯杆，总量达到3.5万套。

深圳市2017年成立深圳市信息基础设施投资发展有限公司，来负责全市以多功能智能杆为核心的信息基础设施项目的开发、建设、运营和管理，预计首期投资39亿元，用于全市多功能智能杆项目建设；2022年3月29日发布《深圳市推进新型信息基础设施建设行动计划（2022—2025年）》，其中提出按"多杆合一、多箱合一、多网合一"的原则，对路灯杆、监控杆、交通信号杆进行合杆智能化改造，以多功能智能杆为载体建设5G基站、车联网路侧设施、数字感知设施、充电桩、智慧停车等设施，打造一批服务智慧城市与数字政府的创新场景应用。

北京市的世界园艺博览会项目统筹中国电信、中国移动、中国联通三家运营商公共网络和政务专网的建设需求，统一规划，充分体现了电信基础设施共建共享的理念。2021年底，国内首个自动驾驶出行服务商业化试点在北京经济技术开发区（以下简称"北京亦庄"）正式开放，为了实现"车"与"路"的协同，北京亦庄打造了$60km^2$物联网新区，将路边功能单一的灯杆和标牌杆进行升级替换，使之成为集智慧照明、5G通信、交通指示、无人驾驶引导、无线通信、设备协同、集中控制等功能于一体的多功能智慧路灯杆。

智慧灯杆在经济发展强劲的江苏省呈现出多地开花的局面。南京市城东智慧灯杆示范路——光华路共设置了8套一体式5G智慧路灯杆，汇聚智能照明、智慧交通、环境监测、视频监测、无线城市等多功能于一身。2021年2月，无锡市江阴市第一个智慧路灯项目正式落地。2021年4月，盐城市经济开发区12921盏智慧路灯正式投入使用。苏州市昆山市新吴街全路段"智慧路灯与市政道路杆件共杆"专项工程于2021年7月顺利竣工。江苏省常州市溧阳市吾悦广场54盏智慧路灯于2021年8月投入使用。2021年年初，"多杆合一"智慧灯杆在南通市海安县草坝路首次正式投放使用。南通大学投入使用的智慧路灯是江苏省第一套真正意义上的具备自主学习、自我迭代功能的智慧路灯。

从演进历程和功能需求看，智慧灯杆作为照明灯杆、通信杆、监控杆、交通杆及智慧化杆站等多杆合

一的核心，需要集成多个传统行业的数字化产品，同时，智慧灯杆又作为智慧城市感知网络的重要数字节点，将进一步整合5G基站、车联网路侧设施、数字感知设施、充电桩、智慧停车等产业生态，智慧灯杆的建设需要多方面的跨界合作和资源整合。总体来看，智慧灯杆产业链上游包括照明及灯杆主体制造商、灯杆组件提供商和不可缺失的5G基站与通信技术提供商。中游是市政工程应用模块，直接决定着智慧灯杆项目落地情况，即智慧灯杆产品场景规划设计、系统集成、项目实施和通信服务商。中游完成建设以后，下游交付给智慧灯杆使用、运维和运营单位，由运维、信息安全和通信服务单位为其正常使用保驾护航。

图2-1为智慧灯杆领域的产业链全景图。

图 2-1　智慧灯杆产业链全景图

2.2 智慧灯杆产业链现状

2016 年是我国智慧灯杆正式落地的元年；2017 年到 2018 年智慧灯杆技术发展成熟，却由于运营、盈利模式等问题致使众多智慧灯杆项目落地受阻；2019 年为 5G 商用元年，为智慧灯杆发展创造了新机遇；2020 年各地加大智慧灯杆的投入建设；2021 年各项技术标准不断建立。2030 年前实现碳达峰、2060 年前实现碳中和的国家战略决策的提出和《中华人民共和国国民经济和社会发展第十四个五年规划和 2035 年远景目标纲要》（以下简称"十四五"规划）中关于全面建设智慧城市感知基础设施的论述，为全国路灯节能改造、建设智慧灯杆提供了新动能；2022 年 3 月 1 日起国家标准《智慧城市 智慧多功能杆 服务功能与运行管理规范》（GB/T 40994—2021）正式实施，智慧灯杆产业发展进入快车道（图 2-2）。

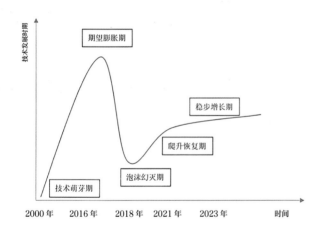

图 2-2　智慧灯杆发展曲线［图片来源：昕诺飞（中国）投资有限公司］

近五年来中国智慧城市市场规模年复合增长率达到 33%。到 2022 年，中国智慧城市市场规模达到近 4 万亿美元（约合人民币 28.27 万亿元），城市智能化领域或迎来超级投资机会。智慧灯杆行业作为智慧城市关联度最大的行业之一，也迎来巨大的发展需求。

2.2.1 市场规模

从全球来看，有数据统计 2020 年全球智慧灯杆行业市场规模为 62.5 亿美元（约合人民币 441.7 亿元），同比增长了 12.4%；2021 年全球规模增长至 68.9 亿美元（约合人民币 486.9 亿元），同比增长了 10.2%；预测到 2025 年，全球智慧灯杆行业市场规模将达到 125 亿美元（约合人民币 883.35 亿元）。

从国内看，广东、山东、云南等省的新基建实施方案中均提到充分利用智慧灯杆，推进 5G、NB-IoT 网络、智慧道路、智慧交通、智慧城市、智慧能源等领域的建设。因此，在新基建的规划下，智慧灯杆将在各个场景的广泛应用中逐渐覆盖城市，同时可为自动驾驶商用提供基础设施装备。我国以环渤海、长三角、珠三角、中西部四大智慧城市群建设为基础，形成了智慧灯杆试点项目集群，截至 2021 年 2 月，已有超过 20 个省级行政单位开展了近 300 个智慧灯杆试点项目。其中，部分地区智慧灯杆试点项目已具有规模效应，其建设理念处于世界领先水平，带动性较强。

据不完全统计，2018 年我国智慧灯杆项目总规模为 3.53 亿元；2019 年智慧灯杆开始放量，项目总规模为 41 亿元；2020 年智慧灯杆持续高速增长，项目总规模达 49 亿元；2021 年中标项目为 299 个，项目规模达 155 亿元；2022 年上半年全国公开招标智慧灯杆项目超过 800 个，智慧灯杆数量超 32 万套，启动项目 550 个，已建智慧灯杆 115 467 套，在建项目 219 个，在建智慧灯杆超过 174 335 套。而据杆塔在线实时数据，截止到 2022 年 12 月 29 日，我国智慧灯杆合计建设 39.2 万盏，其中已建智慧路灯 14.8 万盏，在建 18.7 万盏，招标中 5.7 万盏。完成智慧灯杆数量较多的地区为广东、上海、北京、河南、四川和浙江，均超过 1 万套。在建智慧灯杆较多的四川和河南在建智慧灯杆数量超过 3 万套。受市场环境影响，2022 年相比 2021 年建设数量明显减少。2022 年智慧灯杆招标项目金额为 83.85 亿元，已建项目金额为 75.28 亿元，项目总数 988 个，智慧灯杆汇总 354 857 套，已建智慧灯杆 161 102 套，在建智慧灯杆 133 571 套，招标中智慧灯杆 60 184 套（图 2-3）。随着国家大力支持 5G、智慧城市、智慧交通等行业发展，智慧灯杆市场在近几年发展迅速，未来随着市场环境转好，还将迎来高速发展，预计智慧灯杆行业在"十四五"规划期间整体规模将超过 6 000 亿元。

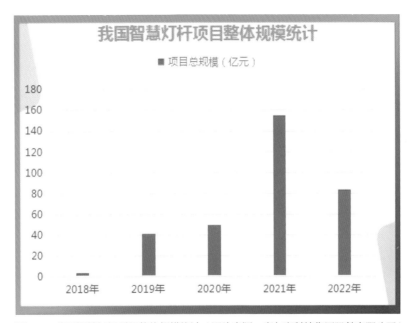

图 2-3　我国智慧灯杆项目整体规模统计（图片来源：豪尔赛科技集团股份有限公司）

从项目目标角度看，在建、拟建规模项目以配合城区和城际道路智慧改造、智慧产业园和双创基地建设、商业街区和公园景区环境品质提升等为主，且大多数项目都为 5G 微基站部署预留了点位和接口。项目规模与当地人口密度、经济条件和智慧灯杆产业分布呈现高关联性，总体呈现从一线、二线城市向中小城市下沉态势。上海市、广州市、深圳市是全国率先在全市部署多功能智慧灯杆的城市，但其他各省市也在逐步跟上，截至 2022 年 7 月，全省整体规划建设和智慧灯杆套数超过 1 万套的有十余个省份，其中四川、安徽、河南、广东超过 3 万套。2020 年湖南省在全国范围内率先出台了工程建设地方标准《湖南省多功能灯杆应用技术标准》，印发了全国首部省级专题加强智慧灯杆建设管理工作的规范性文件《关于加强城市道路"多杆合一"建设管理工作的意见》，指导各地推进城市道路"多杆合一"和智慧灯杆建设。2019 年 12 月 17 日江苏省住房和城乡建设厅发布了《江苏省城市照明智慧灯杆建设指南》（苏建城〔2019〕413 号），为全省智慧灯杆的建设提供了指导性文件。

2.2.2　市场年复合增长率

综合国家及各省市的政策内容，5G 基站的建设是目前推动我国智慧灯杆行业发展的最主要因素。以 5G 基站带动的智慧灯杆需求为例，根据国家统计局与中国通信业统计公报的数据研究，预测未来 5 ~ 7 年共享杆、合并杆数量将达到 2000 万套。

此外，近年来我国各省市政府发布的智慧灯杆相关项目招投标规模也在逐渐扩大，我国智慧灯杆建设完成量逐年增长，2016 年完成 3 200 套智慧灯杆建设，2017 年完成 6 500 套，2018 年完成 13 000 套，2019 年完成 18 841 套，2020 年完成 19 825 套，2021 年完成 32 945 套，2016—2021 年年均增长率约为 60%。2022 年完成智慧灯杆建设 161 102 套，这样显著的增长来自 2021 年大量增加的智慧路灯招投标项目。预计 2024—2027 年，我国智慧灯杆项目招投标规模年均复合增长率将达到 20%，到 2027 年，我国智慧灯杆招投标金额规模预计达到 463 亿元（图 2-4、图 2-5）。

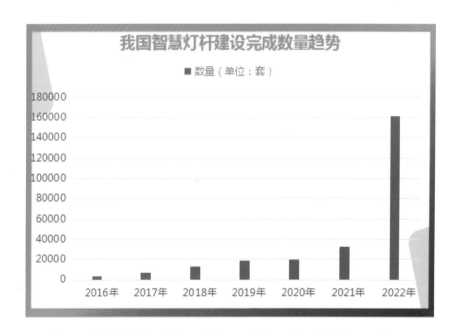

图 2-4　我国智慧灯杆建设完成数量趋势（图片来源：豪尔赛科技集团股份有限公司）
注：数据截至 2022 年。

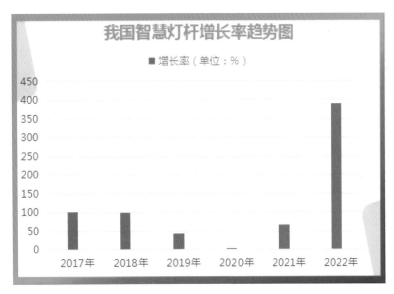

图 2-5　我国智慧灯杆增长率趋势图（图片来源：豪尔赛科技集团股份有限公司）

注：数据截至 2022 年。

2.2.3　市场渗透率

据国家统计局数据，我国城市道路照明灯数量已由 2010 年的 1 774 万盏增长到 2020 年的 3 029 万盏，考虑到城市新建道路，由此带来的路灯的新增和更换，每年将达到非常可观的数目。

根据杆塔在线实时数据，2017—2021 年市场渗透率由 2016 年的 0.012% 提高到 2020 年的 0.065%，截至 2021 年底，智慧灯杆已建总量达到 94 311

套。据前瞻产业研究院初步测算，2021 年市场渗透率为 0.103%，2022 年内完成建设的智慧灯杆数量 161 102 套，超过了 2021 年之前已建智慧灯杆数量的总和，粗略估计 2022 年的市场渗透率可能达到 0.278%。未来，我国智慧灯杆建设完成数量及市场渗透率将不断提高（图 2-6）。

图 2-6　我国智慧灯杆渗透率趋势（图片来源：豪尔赛科技集团股份有限公司）

注：数据截至 2022 年。

2.2.4 智慧灯杆产业区域分布

我国智慧灯杆产业起步较晚，大部分企业规模为中小型，上市公司数量较少，且在各产业链环节暂未出现规模较大的垄断企业，但目前智慧灯杆行业整体不断发展，行业集中度正在提升。目前，我国智慧灯杆行业的龙头上市公司有深圳市洲明科技股份有限公司（以下简称"洲明科技"）、四川华体照明科技股份有限公司（以下简称"华体科技"）等。洲明科技智慧杆业务占比 7.47%，业务收入在 5 亿元左右，重点布局华南、华东和西部，2021 年销售 135 万件智慧灯杆产品，同比增加 28.4%。华体科技智慧杆业务占比 81.9%，重点布局四川，2021 年销售 5.2 万套智慧灯杆，同比增加 6.36%，定制产品较多，价格在1000 ～ 50000 元 / 套。此外还有上海三思电子工程有限公司（以下简称"上海三思"）、龙腾照明集团

股份有限公司（以下简称"龙腾照明"）等企业。上海三思智慧灯杆项目在全国各个城市都有分布，产品包括自研灯具、显示屏、杆体以及网关控制器等，产品定制较多，系统稳定性表现优异，2022 年销售数量 2 万余套智慧灯杆，业务收入约 2 亿元。

我国智慧灯杆行业上下游产业链企业主要集中分布在江浙沪和广东一带，其次是在河北、安徽、湖南、河南、山东、湖北等地区；其余地方如西北地区等虽然有企业分布，但是数量较少。代表性企业大多从事智慧灯杆的杆体制造，或者从传统道路照明等积累行业经验后转型入场，也有一部分是通信技术和融合解决方案商。部分企业已走向上市的道路，产业链企业集中度有待提高。

2.3 智慧灯杆产业发展面临的问题

2.3.1 相关需求多样化

智慧灯杆是城市新型公共基础设施，涉及城市规划、公共安全、交通、通信、市政、环境等多个垂直领域的政府部门职能和监管责任，可供多个部门共享使用，使用需求的复杂性使智慧灯杆的产业链需要较长时间的发展和融合。由于各使用部门对于智慧灯杆的建设和使用需求仍停留在传统设施层面，虽然道路照明开始向智能化按需使用转变，然而其他使用部门的智慧化应用需求仍在不断发展中，对应的技术还有待研究完善，如智慧安防领域的公共安全预警需求、智慧交通的车路协同需求等。这使智慧灯杆的建设投

资面临着技术更新迭代快，前瞻适度性难以把握，投资风险较大的问题。一方面，将传统杆塔替换或改造为智慧杆塔不仅需要对杆塔本身改造，还需要对通信和供电管网、市政管理平台进行相应的升级，需要资金和市政施工时间的双重投入，城域级别的智慧杆塔系统升级改造更是对城市建设秩序和基础资源管理能力的巨大考验。另一方面，智慧灯杆远景智慧功能的实现也需要协调多部门的需求，进行全局统一规划，这给城市级的整体管理系统和数据平台的构建和升级带来困难。

2.3.2　顶层设计和统一标准体系的缺乏

智慧灯杆是多学科、多领域交叉融合的产品，涵盖市政、交通、公共安全、照明和环境等多个细分领域，跨领域、跨专业属性明显。智慧灯杆的发展需要产业链上游、中游、下游统一产品、设计、建设标准，只有这样才能走上规模化快速复制和发展的道路。一方面，由于智慧灯杆系统化标准缺失，智慧灯杆的解决方案"百花齐放"，所以普遍存在着一杆一设计的问题，产品生产成本难以分担。另一方面，智慧灯杆的系统构成涉及通信、视频监控、照明、环境监测、信息发布、能源及运维等多种子系统，各子系统的专业领域不同，各自系统封闭、接口不统一，且质量参差不齐，导致各组件兼容性和通用性差、整体性能低、故障率高等情况。这些都给建设运维单位的方案选择、系统集成带来了居高不下的成本负担和较大的实施难度，严重影响智慧杆塔的规模部署。目前在各专业领域已存在一些相关分类标准，但缺少顶层设计，且并未将智慧灯杆作为一个完整的行业来进行系统的发展研究，从而导致缺少覆盖智慧灯杆上游产品、设计、建设的完整标准体系。这使智慧灯杆的试点实践中也出现过强行拼搭系统导致各子系统无法兼容，系统无法运行或故障率高，以及设备无法适应杆塔运行环境，寿命无法保障的情况。

2.3.3　服务智慧城市建设的核心作用尚不突出

"十四五"规划提出"以数字化助推城乡发展和治理模式创新，全面提高运行效率和宜居度"。智慧灯杆作为智慧城市数字化服务的重要载体，其在智慧城市建设中起到基础服务设施集约化及神经末梢的作用。这表现在两个方面。一方面，智慧杆塔集约共享地实现公共基础设施智能化、数字化改造。智慧杆塔可承载交通、公安、城管、环卫、环保、农业、通信、能源、气象、消防、抗震减灾等多方面基础设施设备，共享空间、供电、通信资源。在通信网络、云平台和边缘计算的赋能下，基础设施设备网络化、智能化并构成有机融合的信息物理系统（CPS），设施承载能力和运行效率得以增强和提升，并形成跨部门、跨行业的协同治理能力，提高城乡韧性和宜居度。另一方面，智慧杆塔的发展面向城乡数字化发展全域感知体系的建立。在感知范围方面，智慧杆塔部署于主要场所、街道，并可伴随路网等深入城乡各类园区和居住社区，对多种数据进行网格化和像素级的实时动态采集，起到"末梢神经"的作用。在感知能力方面，智慧杆塔除基于挂载设备进行常规方式的数据感知外，还可基于空间协同和多传感器融合实现高维度、高精度感知，使高等级数字化应用成为可能。目前这两方面的核心作用还未充分展现。

2.3.4　在建设支撑城乡数字化面临挑战

智慧杆塔建设支撑城乡数字化发展面临以下挑战：

1）全局统一部署和分散独立建设矛盾带来的挑战

一方面，全局统一"自上而下"的部署是智慧杆塔数字化底座效用发挥的必然要求。基础设施的本质属性和长期运维需要设备接口统一并向"即插即用"演进，基础设施的集约共享需要打通各主管部门的建设运维管理体系，设施的协同联动、数据资源的流转需要建设统一的平台或系统层面的互联互通并与城市运行管理服务平台、数据平台等实现对接。另一方面，分散独立"自下而上"的建设仍是多数城市当前主流智慧杆塔建设模式。受限于资金、管理和技术等方面的制约，以及各部门具体需求和需求迫切性之间的差异，分散独立建设的模式仍将长期存在。无论是"自上而下"模式还是"自下而上"模式，都需要充分考虑全局、长期的建设需求，提前通过标准化、建设协议库等方式统一编码规则、数据规约、设备和平台接口等，适度超前建设供电、通信等支撑系统能力，杆上预留软硬接口和承载能力，为未来发展留下充足空间，降低总体成本。

2）数字化需求和安全隐私风险矛盾带来的挑战

数据、感知、采集和安全隐私风险是长期相伴的矛盾。点位分布和高集成是智慧杆塔成为城乡数字化发展底座的关键优势，也带来更多的公共数据安全和个人隐私泄露风险。同时，智慧杆塔本身是功能性设施，系统的安全性直接关系到交通、照明、治安等城市功能。需要充分识别智慧杆塔在系统运行、数据传输和流转过程中可能发生的安全风险点，从管理和规范入手，以技术为手段，从总体、设备、网络、平台、数据等多个方面保障系统信息安全。

2.3.5　与5G信息基础设施共建共管的模式有待成熟

5G技术和创新应用的不断成熟，将驱动智慧灯杆与5G进一步融合发展。一方面，智慧灯杆为5G基站的覆盖提供保障。5G宏基站覆盖半径在200m以上，微基站覆盖半径在50～200m，当前5G基站的建设以宏基站为主。随着网络覆盖和容量需求不断提升，5G基站的建设对于站址的需求将不断增加。复用智慧杆塔有适宜的点位分布、供电和光纤资源，在

盲点地区和热点地区部署5G小微基站可以有效补盲、补热。此外，5G毫米波技术正在走向成熟，将提供数倍于中低频段的可用带宽资源，但高频特性也决定了基站覆盖范围将会进一步缩小，对于智慧灯杆共建共享的需求也将提升。另一方面，智慧灯杆为5G创新应用提供支撑。R16版本的5G标准实现了5G从"能用"到"好用"的过渡，增强了面向企业的服务能力。R17版本的5G标准计划将于2022年6月完成，届时将更全面地覆盖面向企业的业务，以及进一步增强边缘计算、网络切片等能力。智慧灯杆可与业务场景就近融合部署，且具有承载5G应用终端的能力和智慧化管理的能力，可灵活贴合各类5G创新应用的个性化通信需求和终端部署需求，并保障业务的可靠运行。智慧灯杆功能终端通信模式也可向5G迁移，增加部署灵活性。

智慧灯杆与5G进一步融合发展并实现共建共管还面临两方面挑战。一方面需充分理解挂载通信基站对灯杆建设运维带来的挑战。挂载通信基站的智慧灯杆，本质上是电信网络基础设施，其可靠性、可用性、安全性及建设、运维管理应符合电信网络基础设施相关法规和标准的规定。在新建或改建灯杆时，需充分考虑5G建设对灯杆的附加需求，如供备电保障、传输资源、物理承载、防雷、抗风、抗震能力及动力环境监控等。另一方面，需充分考虑智慧灯杆其他功能系统与5G设备的兼容性。智慧灯杆本身是多系统综合体，通信基站的挂载进一步增加了系统的复杂性和脆弱性。5G创新应用终端的挂载对于挂载位置、供电、通信汇聚、算力、平台架构以及安全性等可能提出新的要求。5G基站或终端设备与智慧灯杆其他系统间的电磁兼容，以及供电、通信、安全需求的均衡与融合都是需要关注的问题。

2.3.6　与信息安全产业的融合度不够

智慧灯杆产生、收集和传输的数据主要包括通信、视频监控、照明、环境、展示媒体信息、能源管理等，将来还可能产生车路协同的数据，涉及智能网联车系统。这些数据中包含个人隐私信息、城市公共安全信息，在信息系统安全等级保护的划分标准中，属于三级。但是目前对智慧灯杆数据尚没有明确的安全保护要求，除公安系统的视频监控数据外，绝大部分智慧灯杆数据缺乏有效的安全保护。智慧灯杆产业要想获得需求方政府和用户对信息安全的认可，实现长远的发展，就必须加速与信息安全产业的融合，尽快完善智慧灯杆的信息安全技术，保障智慧灯杆采集、传输和存储数据的安全。

2.3.7　产业化商业模式尚不清晰

目前智慧灯杆的应用仍聚焦于传统基础设施的网联化层面，如通信网络覆盖、视频监控采集、环境数据采集、市政照明遥控、显示屏宣传广告服务、充电桩服务等。虽然已经出现了很多基于智慧灯杆的智慧化应用案例，但由于新技术不断更新、灯杆项目缺少市场化收益等原因，并不具备复制的能力。智慧灯杆作为智慧城市的重要数字基础设施，一方面新型公共基础设施建设运维管理和持续升级需要的专业技术与传统公共基础设施有差异，采用传统方法无法保证对智慧杆塔的用户企业提供有效的应用支撑和技术的持续升级；另一方面需要探索新的跨行业融合发展的商业模式，尤其是需要挖掘智慧灯杆数据的有效利用价值，而目前智慧灯杆的多种商业模式仍在继续探索中，数据价值的商业闭环尚未形成，尚未对智慧城市运营和数字经济发展产生重要影响。需要加强行业与政府、产业研究机构、金融资本等多方的交流与互动，共同研究并探索出一个由政府统筹监管、参与者协同共赢、广大民众共同受益的智慧灯杆投资运营模式。

2.3.8　供应链质量管理有待加强

智慧灯杆的最终使用效果需要产品质量与建设施工质量的共同保障。由于智慧灯杆的上游、中游、下游供应链涉及的行业、产品和企业众多，给智慧灯杆的最终质量控制和应用效果带来了困难，应加强智慧灯杆产业的供应链管理，建立一套完整的质量管理要求和测试认证体系。

2.3.9　双碳相关措施不明确

在实现"碳达峰、碳中和"战略决策的过程中，智慧灯杆产业中尚未开展有关研究，给碳足迹管理和碳核查制度的实施增加了难度，也需要通过加强供应链管理来推动碳足迹管理，最终实现"双碳"目标。

第3章

智慧灯杆建设和运营模式

3.1 智慧灯杆运营模式

在新基建和智慧城市建设的加持下，我国不同地区的智慧灯杆建设内容、建设模式不尽相同。

智慧灯杆的建设运营是一项庞大复杂的系统工程，持续时间较长、牵涉面较广，与市民的生活、城市的管理都密切相关。智慧灯杆的建设与运营涉及政府、运营公司、解决方案提供商、内容与服务提供商及最终用户等多个方面。

从投资主体看，有政府投资、企业投资和政企联合投资三种方式。

从建设主体看，有政府城投公司作为运营公司自筹资金建设、解决方案提供商通过工程项目投标进行建设等方式。

从运营主体看，有政府城投公司进行运营、政府通过特许经营交由社会第三方企业进行运营等方式。

从收益模式看，有政府投资并获得收益，政府和投资方共同成立运营公司并分享收益，通过特许经营由运营公司获得收益等方式。

不同智慧灯杆项目在建设和运营过程中，其投资主体、建设主体、运营主体和收益模式各不相同，这些要素的不同组合形成了不同类型的投资运营模式。

3.1.1 业主方设计、采购、施工模式（EPC）

业主方投资模式即设计、采购、施工模式（Engineering Procurement Construction，EPC），业主方投入项目所需资金，一般由业主方主导建设和运营，并对项目的规划、立项、投资、建设到后期的运营全程给予引导和支持，建成后的运维及运营通常由业主方下属的信息中心、大数据中心等单位组建的运营公司负责，是智慧城区项目建设运营中采用的主要模式之一。这种模式目标清晰明确，风险可控。

该模式优势：业主方有绝对控制权，建设运营过程更加安全可控，业主方对项目决策和执行效率高。

该模式劣势：业主方财政压力较大，需要具备业务运营、推广以及后期维护等能力。

适用范围：该模式适用于管理类、公共基础类、纯公益类等不适宜市场化或者缺乏明确商业模式的项目，包括涉及国家安全或重大公共利益，不适宜由社会、企业建设以及运营的项目。重要的宣传道路、居民小区、承载对外形象展示的场景下的智慧灯杆建设可以采用这种模式（图3-1）。

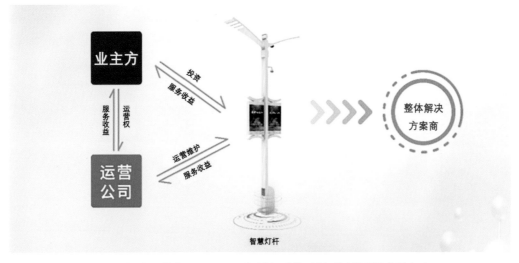

图3-1 业主方设计、采购、施工模式（EPC）（图片来源：上海顺舟智能科技股份有限公司）

3.1.2　企业建设、运营、转让模式（BOT）

建设、运营、转让模式（Build Operate Transfer, BOT）是业主方将一个基础设施项目的特许权授予承包商。承包商在特许期内负责项目设计、融资、建设和运营，并回收成本、偿还债务、赚取利润。特许期结束后将项目所有权移交给业主方。实质上，该融资方式是业主方与承包商合作经营基础设施项目的一种特殊运作模式。

这种融资方式在国内又称为"特许权融资方式"，通过特许权协议，授予签约方承担项目的融资、建造、经营和维护；在协议规定的特许期限内，项目公司拥有投资建造设施的所有权，允许向设施使用者收取适当的费用，由此回收项目投资、经营和维护成本并获得合理的回报；特许期满后，项目公司将设施无偿地移交给合约的业主方。

该模式优势：能极大解决项目的资金压力，并能充分调度社会优良资本的进入，业主方能够以极低的成本获得项目运营的经验。

该模式劣势：项目前期业主方的话语权不够，特许期限结束后部分项目设施需要重复建设。

适用范围：该模式适用于资金困难或者缺乏项目管理运营经验的业主，通过此模式能够低成本获得项目建设及运营经验，适用于旅游景区、高速服务区、步行街等具有一定商业性质场景的智慧灯杆建设（图3-2）。

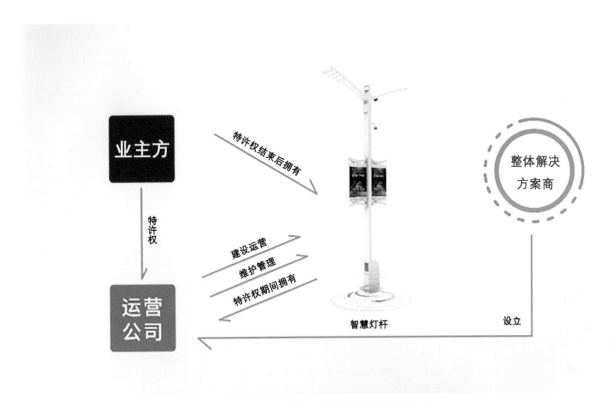

图3-2　企业建设、运营、转让模式（BOT）（图片来源：上海顺舟智能科技股份有限公司）

3.1.3 企业建设、拥有、经营模式（BOO）

建设、拥有、经营模式（Building Owning Operation, BOO）即社会投资者根据业主方赋予的特许权，成立运营公司来建设并经营基础设施项目，但不将此项的基础设施项目移交给授权的业主，完全私有化，业主方对项目只拥有定价运营监管的权利。

该模式优势：业主方不承担智慧灯杆投资成本和风险，运营商可利用已有专业技术、客户资源、运营经验、人才优势和企业自身优势从项目承建和维护中得到相应的回报。

该模式劣势：项目运营的稳定性及延续性得不到保障。

适用范围：该模式适用于市场化或者试点类项目，业主方通过试点运营项目获得项目的信息反馈，可以积累更多项目经验。该模式的特点是完全私有化，因此具有公共属性及公益属性的场景不建议采用此模式，如大型市民活动广场，有教育意义及爱国宣传使命的景区、园区等（图3-3）。

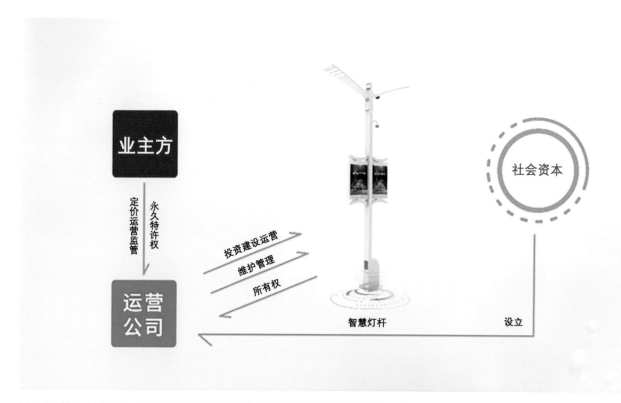

图3-3 建设、拥有、经营模式（BOO）（图片来源：上海顺舟智能科技股份有限公司）

3.1.4　合同能源管理模式（EMC）

合同能源管理模式（Energy Management Contract, EMC）是用减少的能源费用来支付节能项目全部成本的节能投资方式。这种模式允许用户使用未来的节能收益为设备升级,降低目前的运行成本,提高能源利用效率。

节能改造后,较原传统照明照度提升 20% 左右,节能率达到 75% 以上,道路照明均匀度提高 10%。可改善灯光照明环境,提高城市光照环境质量,降低照明污染。除此之外每年还可节约电费,财政资金不用另外支付,设施公司直接维护,城区可保持 95% 左右的亮灯率,提升城区整体形象,消除治安隐患,提高治安环境。

该模式优势：业主方不承担智慧灯杆投资成本和建设风险,接近零成本完成项目建设,同时监管及定价等主要的权益不会丢失。

该模式劣势：在合同期限内缺失小部分不重要的项目话语权。

适用范围：该模式能解决业主方资金压力,将创新科技与金融相结合,适用于大规模有一定体量同时以节能减排为导向的智慧灯杆项目（图 3-4）。

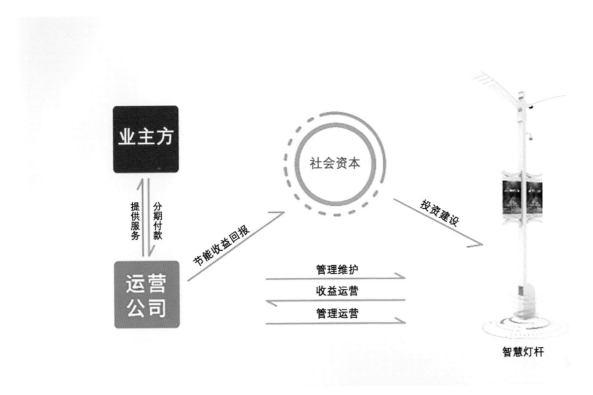

图 3-4　合同能源管理模式（EMC）（图片来源：上海顺舟智能科技股份有限公司）

3.1.5　业主方和社会资本合作模式（PPP）

业主方和社会资本合作模式（Public Private Partnership，PPP）即业主方通过市场化方式引进社会企业，共同投资建设智慧城市项目，并由社会企业或政企联合成立项目公司负责运营，优势在减轻业主方财政压力，同时发挥企业技术优势开展专业化运营。

PPP模式一般许诺投资方在建成后的一段时期内拥有经营权，到期后再由业主方管理经营。

该模式优势：可减轻业主方财政压力，发挥社会资本资金和技术优势。

该模式劣势：容易将业主方短期债务长期化、账面上债务隐形化，带来监管上的风险。此外，智慧城市项目涉及大量信息系统、软件应用等工程，所提供的服务难以精确测量，使得项目特许期内价格的确定与调整、权责划分和监管等方面都存在困难。

适用范围：业主方需要通过融资来减轻项目初期建设投资的负担和风险，实现综合效益最优化。PPP模式是指业主方与企业之间形成的一种伙伴式合作关系，通过合同明确界定彼此在公共项目中的权利与职责，共同承担项目责任和风险。推荐用于一些能产生商业收益的场景，双方通过资源优势互补开展项目建设和运营，共同分享项目收益（图3-5）。

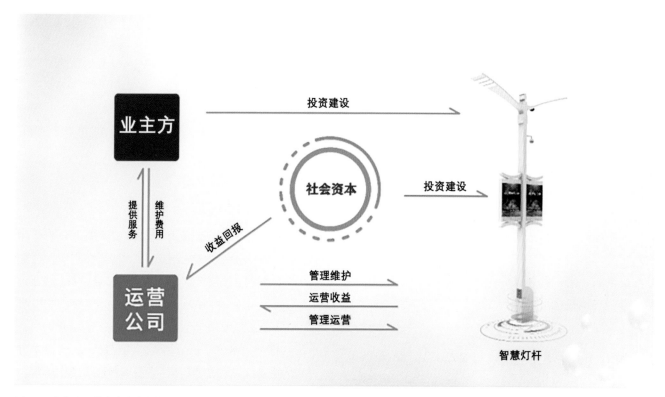

图3-5　业主方和社会资本合作模式（PPP）（图片来源：上海顺舟智能科技股份有限公司）

3.2　智慧灯杆效益分析

3.2.1　建设成本

智慧灯杆建设成本主要包含产品费用、施工费用、调试费用及外围设备费用。其中，产品费用指产品在销售过程中所发生的费用，如设计费、制造费、广告费、运输费等；施工费用指灯杆在安装过程中产生的吊装费、设备安装费、接线费等；调试费用指灯杆实施完成后对设备进行调试，保障灯杆搭载设备的正常运行所产生的相关费用；外围设备费用指灯杆与外界进行通信的设备，包含光纤、集管、电柜等设备。

3.2.2　运行成本

智慧灯杆运行成本主要包含电费、管理成本费、设备维护费、通信费及其他费用。

由于智慧灯杆可加载设备较多，每项设备对电力要求都较高，往往电费在智慧灯杆运行成本中占比较大。管理成本费主要指后台管理及现场巡查的人工费用。设备维护费用往往按照产品造价的 5% 计算。通信费用指商用网络专线接入费用。其他费用指其他未能预见的资金、管理等费用。

3.2.3　运行效益

智慧灯杆目前可收益部分主要包括显示屏广告出租、充电桩充电收益、气象数据点位出租、Wi-Fi 覆盖点位出租、视频安防点位出租、一键呼叫点位出租、井盖监测点位出租、无线充电等，除此之外，照明节能效益也可作为灯杆运营效益的一部分。

3.3　总结

智慧杆的建设运营是一个长期复杂的过程，需要投入大量人力和物力，只有构建合理的投资运营模式，才能厘清权、责、利之间的关系，促进政府、企业、用户以及其他机构形成合力，保障智慧杆建设与发展的可持续性。

当前，投资运营模式和盈利模式的不清晰正阻碍着智慧杆产业规模化发展。智慧杆的建设和运营一方面需要政府加强政策支持、积极引导；另一方面也需要全社会的共同参与，在政府财政资金的充分引导和撬动下，更多社会资本被带动投入智慧杆产业，在加强监管的同时，全面提高市场化资源配置效率。因此，我们建议当前宜优先采用政府和企业共同投资的投资运营模式，由企业统一市场化运营，从而给企业信心，给产业信心。未来，在盈利模式清晰后，政府资本可以考虑逐步退出，完全交由社会资本负责投资和运营。

第4章
智慧灯杆设计要求

4.1　杆体设计原则

智慧灯杆设计应参考现有路灯杆、监控杆、通信杆、交通杆等城市杆件设施的设计进行，并综合考虑挂载设备的工作环境、安装空间、承重、整体安全性、稳定性及整体外观协调性等因素，技术参数指标应满足杆体所挂载设备正常工作的需求。

智慧灯杆在满足总体功能及安全性的设计指标前提下，还应根据不同应用环境，如城区主干道、景观大道、次干道、商业街、工业园区、景观公园等进行外观美化、功能选择、材质及外观等方面设计，并严格控制非功能性反光、眩光材质的使用。

4.2　杆体结构分类

智慧灯杆的杆体可按结构进行分类。按结构类型划分，智慧灯杆设备的固定方式通常可分为固定式和滑（卡）槽、抱箍式，如图4-1所示。

固定式　　　　　　　滑（卡）槽、抱箍式

图4-1　杆体式样示例（图片来源：《通过智能照明助力智慧城市建设技术白皮书》）

固定式：设备一次性安装在智慧灯杆的指定位置，可通过杆体预留接口扩展设备，建设完成后，设备位置不能改变且设备拓展数量有限。该杆体可以进行定制，突出城市特色，适用于城市大面积新建布设、功能需求较明确的高速公路及市区主干道沿线等场景。

滑（卡）槽、抱箍式：有铝合金带滑槽专用型材杆及钢质异形凹槽锥形杆两种，在杆体上设计多个滑槽，设备通过连接件安装在滑槽上，可灵活确定设备的安装位置。如果没有滑槽方式，也可以采用抱箍方式安装搭载设备。这种智慧灯杆为照明及多功能模块后期扩展提供优势条件，适合智慧城市建设的功能模块不能够一次确定到位的新建项目及旧城改造项目的场景，该方案具有良好的拓展性。

4.3　杆体材质和工艺

智慧灯杆的材质主要以碳素钢、低合金结构钢和铝合金为主，在设计时除应满足安全和功能要求外，还需考虑杆体的美观度及搭载多功能模块的协调性，并保证具备足够的强度、刚度和稳定性。根据杆体材质，考虑杆体高度、灯具造型、杆体造型结构、型材断面结构、整体荷载等因素，进行载荷模拟测算，确定杆体厚度。

4.3.1　碳素钢材质智慧灯杆

1）钢质灯杆材质要求

钢质灯杆材质优先选用Q235及Q355钢材质量标准，并符合《碳素结构钢》（GB/T 700—2006）和《低合金高强度结构钢》（GB/T 1591—2008）的规定。采用碳素结构钢、低合金高强度结构钢，钢材性能应符合《优质碳素结构钢》（GB/T 699—

2015）的相关规定，钢质智慧灯杆整体安全性验算及测试应符合《钢结构设计标准》（GB 50017—2017）的相关要求。

为了增强杆体的荷载强度，在传统圆锥形杆及方钢管的基础上，钢杆可对杆体形态进行应力加工，以各种异型造型来增强强度。

综合杆挑臂宜采用 Q355 及以上强度钢材，长挑臂宜通过法兰与主杆连接，长挑臂宜采用八边形杆。

2）焊接工艺要求

焊接表面不应有影响强度的裂纹、夹渣、焊瘤、烧穿、未融合、弧坑和针状气孔，并且无褶皱和中断等缺陷。纵向焊缝为 60% 熔透焊，焊缝外观质量应符合《钢结构焊接规范》（GB 50661—2011）的相关规定，外形应均匀、成型较好，在焊道与焊道、焊缝与基本金属之间圆滑过渡无虚焊，焊渣和飞溅物应清理干净，灯杆的主要焊缝的焊接质量应满足 2 级焊缝外观质量要求。

应根据不同的承载条件确定焊缝等级，建议有探伤要求的灯杆焊接质量应满足 I 级要求，焊缝应无裂纹、未熔合、未焊透和条形缺陷，检测要求应满足《承压设备无损检测 第 2 部分：射线检测》（JB/T 4730.2—2005）的相关要求。

3）表面处理要求

钢质杆体应采用热浸锌工艺进行防腐处理，表面可根据项目需求进行喷塑或喷漆。

热浸锌工艺。表面应均匀、光滑、无毛刺，当灯杆壁厚大于或等于 3 mm 且小于 6 mm 时，其热浸锌层平均厚度最小值应大于或等于 70 μm；当灯杆壁厚大于或等于 6 mm 时，其热浸锌层平均厚度最小值应大于或等于 85 μm。热浸锌应符合《金属覆盖层钢铁制件热浸镀锌层技术要求及试验方法》（GB/T 13912—2020）的相关规定。

喷塑工艺。表面应平整光洁，应采用防紫外线塑粉。喷塑涂层外观表面光滑、平整，无露铁、橘皮、细小颗粒和缩孔等涂装缺陷。喷塑颜色不应有肉眼可见的色差。喷塑涂层的附着力应达到《色漆和清漆 划格试验》（GB/T 9286—2021/ISO 2409:2020）规定的 1 级要求。喷塑涂层的硬度应按《色漆和清漆 铅笔法测定漆膜硬度》（GB/T 6739—2022）的规定，并达到 2H 要求。喷塑涂层的冲击强度不小于 50 kg·cm，并符合《漆膜耐冲击测定法》（GB/T 1732—2020）的要求。当金属件壁厚不大于 5 mm 时，喷塑涂层平均厚度不应小于 60 μm；当金属件壁厚大于 5 mm 时，喷塑涂层平均厚度不应小于 80 μm。在沿海或重盐污染区域环境，喷塑层厚度不应小于 80 μm。

喷漆工艺。选用油漆涂料时，应根据杆体所处户外大气环境采用相应耐候耐蚀品种。喷漆环境温度宜为 5 ~ 38℃，相对湿度不应大于 58%，当喷漆环境不符合要求，雨天或构件上结露时，禁止喷漆作业。喷漆后 4 小时内严禁淋雨。油漆涂层不得和金属覆盖层发生互溶和咬底现象。油漆涂层采用两道底漆、三道面漆，或一道底漆、两道中间漆、三道面漆。法兰盘间接触面不得涂覆非金属涂层。油漆单涂层厚度不应小于 40 μm，涂漆总厚度应为 125 ~ 175 μm。

防涂鸦处理。防涂鸦处理前，应清除表面灰尘、尘垢、油渍和疏松物质，被涂表面应干燥、清洁、牢固。金属表面应按《涂装前钢材表面锈蚀等级和除锈等级》（GB 8923—1988）处理至 Sa 2 级，并涂有高质量底漆，混凝土表面 pH 酸碱度应小于 10，并涂有封闭底漆。喷涂前，应将喷涂涂料搅拌均匀，严格按照比例将 A 组、B 组混合均匀，根据施工情况添加适量的稀释剂，静置 10 ~ 20 分钟，再次充分搅匀，并于 2 小时内用完，发生胶化的涂料严禁使用。防涂鸦涂料[*]应具有较好的耐候性、耐腐蚀性、不破裂、不脱皮等性能。防涂鸦涂膜表面应平整光滑，表面张力较低，具有良好的憎水性和憎油性。

采用其他防护方式，其涂层厚度应大于或等于 40 μm。

* 注：因为防涂鸦材料并不会使广告纸贴不上去，而是贴上去后较容易清理，所以此材料非必须，需结合每个城市的实际要求来做。

4.3.2　高强度铝合金智慧灯杆

1）材质要求

采用高强度铝合金杆体等新型材料时，材质需选用 6063 铝合金或 6061 铝合金材质。用于智慧灯杆的铝合金杆体必须进行增加强度的热处理工艺，达到 T6 标准的高强度要求，应符合杆体强度及稳定性要求和相应标准的规定。

为了增强对杆体的负载强度，铝合金旋压锥形杆也可对杆体形态进行应力加工形成各种异型，如梅花形、三角形等造型来增强杆体负载强度，铝合金挤压型材管可通过设计内部受力结构形态及外部滑槽结构来增强杆体受力强度，铝合金杆还可根据设计要求增加钢内衬或铝合金内衬的方式增加杆体负载强度。

2）承载强度安全设计要求

铝合金智慧灯杆有旋压锥形管及异型滑槽型材管等，旋压锥形可通过应力异型结构形态，如梅花形及三角形加工增强杆体强度，标准参照《一般工业用铝及铝合金挤压型材》（GB/T 6892—2015）执行。

铝合金灯杆根据不同杆体组合应用，选用 6063 铝合金及 6061 铝合金材质，且材料必须通过热处理达到 T6 标准，6063 铝合金管壁厚应小于或等于 6.5mm，热处理达到 T6 状态，抗拉强度 215 MPa，规定非比例延伸强度 170 MPa，布氏硬度 75 HBW。6061 铝合金管壁厚应小于或等于 6.5 mm，热处理达到 T6 状态，抗拉强度 260 MPa，规定非比例延伸强度 240 MPa，布氏硬度 95 HBW。

3）表面处理要求

铝合金灯杆可采用阳极氧化、氟碳喷涂、喷漆或喷塑等处理方式，推荐使用阳极氧化工艺。阳极氧化表面处理工艺的防腐综合性能要远远优于其他几种工艺的喷涂工艺，阳极氧化表面处理工艺不但防腐性能强，且杆体拉丝氧化后的丝纹及金属质感很好，阳极氧化颜色也可定制选择。

杆体采取阳极氧化工艺，表面光泽均匀，氧化膜平均厚度应大于或等于 12 μm，且各点不得小于 10 μm，涂层厚度应符合《一般工业用铝及铝合金挤压型材》（GB/T 6892—2015）的规定。

铝合金杆体局部区域可做文化定制的各种图案及标志，蚀刻深度要求 0.4 mm，蚀刻后再进行阳极氧化处理。

4.4　杆体分层、高度

4.4.1　智慧灯杆的杆件分层

智慧灯杆的应用要求使其分为两大类，即综合杆与智慧杆，不同功能组合选用的杆体材质有所不同。路灯与交通安全设施的共杆被称为"综合杆"，其杆件为重承载型杆件，路灯与智能模块及通信设施的共杆被称为"智慧杆"，其杆件为轻承载型杆件。这两种智慧灯杆在满足安全强度的前提下，也要满足在同一个区域内杆件整体的协调性及美观性，杆体下口径一般不应大于 320 mm，在风压较大的环境可做特殊处理，壁厚根据杆体需要挂载的设备及后期需要增加的设备进行模拟计算。对不同类型的合杆功能应分层设计，分层高度和杆体高度做如下要求（图 4-2）：

高度为 0.5 ~ 2.5 m 的，适用于充电桩、多媒体交互屏、应急告警、设备仓、检修门、人脸识别等设施。

高度为 2.5 ~ 5.5 m 的，适用于公共广播、监控、路名牌、小型标志标牌、行人信号灯等设施。

高度为 5.5 ~ 8 m 的，适用于信息发布屏、机动车信号灯、监控、指路标志牌、分道指示标志牌、小型标志标牌等设施。

高度在 8 m 以上的，适用于环境传感器、Wi-Fi模块、照明灯具、通信设备等设施。

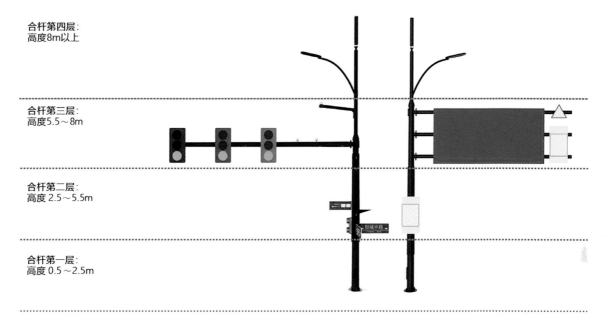

合杆第四层：
高度8m以上

合杆第三层：
高度5.5~8m

合杆第二层：
高度 2.5~5.5m

合杆第一层：
高度 0.5~2.5m

图 4-2　智慧灯杆功能分层高度要求（图片来源：《上海市道路合杆整治技术导则》）

4.4.2　智慧灯杆的杆件高度

不同功能的智慧灯杆对材质的选择也有所不同。如交通安全设施的重型综合杆的材质可选用全钢杆或钢铝结合杆，钢铝结合杆与钢质杆的高度为 5 ~ 15 m（含底部高 1.5 m 左右的机箱），轻型智能设施的智慧灯杆可选用全铝合金灯杆或钢铝结合杆，钢铝结合杆的高度为 1.5 ~ 3 m。

智慧灯杆的高度应考虑周边环境、净空高度、应用功能及设备安装高度等需求进行设计，以达到功能性和环境协调性。部分应用场景下智慧灯杆的高度设计可参考表 4-1。

表 4-1　智慧灯杆应用场景及高度

场景		智慧灯杆高度（m）
道路	高速路、快速路	8 ~ 15
	主干路	8 ~ 12
	次干路	8 ~ 12
	支路	6 ~ 8
高架、桥梁、立交		8 ~ 12
商业步行街、公园、小区、人行道、小型汽车道		3 ~ 6

4.5　杆编码和标识

智慧灯杆的杆体及各挂载设备应具有专属并唯一的标识和编码,结合地理信息系统进行准确定位、识别。编码应符合以下要求:

① 编码在全网和整体系统中应具有唯一性,支持二维、三维扫码识别杆体或设备信息以及定位等。

② 应具备简洁实用性、易识别性、可读性。

③ 宜采用全市统一的编码方式统筹管理。

④ 智慧灯杆的杆体和各功能模块的编码之间应具有关联性和逻辑性,各类设施须增加对种类、管理单位及责任人等信息的标识。

智慧灯杆上若需要挂载或卸载警用设备,警用设备的编码由管理单位提供或处理。标识应符合以下要求:

① 应设置在方便阅读的位置,便于各类使用人员查找和阅读。

② 杆体印制或者粘贴的编码应具备高可识别性和高可见度。

③ 标示效果应美观大方,与市容市貌相协调。

④编码标志应耐腐蚀,防日晒雨淋、不褪色、不易污损。

4.6　防雷和接地

智慧灯杆电气设备可触及的金属部分均应严格按照要求做接地安全保护,防雷接地应符合《城市道路照明设计标准》(CJJ 45—2015)、《通信局(站)在用防雷系统的技术要求和检测方法》(YD/T 1429—2006)第5.3节的相关规定,并应符合以下要求:

① 智慧灯杆的杆体及构件、设备外壳、配电及控制箱等外露可导电部分应进行保护接地,电气系统接地形式宜采用TN-S系统。

② 杆体、悬臂、底座等所有裸露金属部件与接地端子之间应具有可靠的电气连接,端子固定螺栓规格

应不小于M8。

③ 由于智慧灯杆承载多种电气设备,杆件接地电阻应不大于4Ω,含有弱电电气设备,杆件接地电阻应不大于1Ω。

④ 智慧灯杆设置避雷针时,应确保所有挂载设备均在避雷针的保护范围内;避雷针与引下线之间应采用螺栓连接,避雷针与引下线及接地装置的紧固件均应使用热浸锌制品;金属智慧灯杆的杆体可作为避雷针的引下线。

4.7　承重和防风

4.7.1　承重

强度设计和校核应满足以下要求:

① 灯杆的强度设计应能支持规定的恒载和风载。

② 使用套接和搭接等连接工艺的灯杆,不应降低其强度。

③ 对于异型灯杆应根据其自身结构分析危险截面,并对其行计算分析或试验。

④ 灯杆在设计和改造时,除了对灯杆自身结构进行强度计算之外,还应对基础的大小及其他各功能模块的安装结构进行强度计算。

智慧灯杆上除了挂载灯具外，还包括其他功能模块，需要考虑其承重和防风设计，智慧灯杆上的模块质量见表 4-2。

表 4-2　智慧灯杆上挂载的功能模块质量示例

挂载模块	最大质量（kg）
道路照明灯具（考虑集成单灯控制器、照度传感器等）	25
摄像头（视频采集）	5
通信功能（4G 基站、5G 微基站、5G 宏基站）	45
5G 微基站	20
无线上网功能（Wi-Fi 路由器）	5
公共广播	10
环境监测传感器	15
一键求助对讲	5
多媒体交互	10
LED 信息发布屏	50
充电桩	35
网关	5

4.7.2　防风

防风设计满足《建筑结构荷载规范》（GB 50009—2012）附录 E 中对风压的要求（表 4-3）。

表 4-3　智慧灯杆防风要求（风压）

杆体高度（m）	杆体最大底径（mm）	迎风最大总面积（m²）	基本风压（kN/m²）
6 ~ 10	350	3	详见《建筑结构荷载规范》（GB 50009—2012）附录 E
10 ~ 15	450	3	
15 以上	≥ 450	3	

风荷载与基本风压、地形、地面粗糙度（A、B、C、D 类）、距离地面高度，以及建筑物体型等多种因素相关。以下是防风设计的基本流程：

① 收集需求：智慧灯杆应用地方的基本风压、地面粗糙度、杆体材料，以及挂载的重量、面积、高度等。

② 建模：根据智慧灯杆使用的年限，进行结构选型并建模。

③ 风荷载计算：计算风荷载标准值，应考虑基本风压、高度风振系数、风荷载体型系数、风压高度变化系数。

④ 软件分析计算。

⑤ 结构分析计算：计算杆身和构件及安装件强度。

⑥ 设计方案。

4.8 杆体分仓设计

由于智慧灯杆上设备较多，为保证各种设备的稳定性和独立性，需要分仓走线。分仓材料的使用年限不应少于 20 年。电源线、信号线和光缆应有独立的线管，避免相互干扰，照明线路需要单独一路，其他电气设备也要分强电、弱电等各列一路。以下是分仓走线要求：

①光缆安全：满足光缆弯曲要求。

②强电安全：杆体除了严格按照道路照明要求接地保护外，为保证底座箱体和人体接触时的安全性，宜采用复合材料作为绝缘层，其绝缘要求高于电力标准 2000 V 的要求。

③强弱电互不干扰：灯杆杆体主结构部分采用多线管布置，一根多线管走强电，一根多线管走弱电，保证完全不干扰。

4.9 杆体检修门（口）

杆体底座设备检修门开口应小于底座直径的 40%，检修门下缘应离地 500 mm 以上，检修门宜安装智能门锁，实现远程开关门、门锁状态监测、开关门记录追踪、异常开门告警等功能。

主副检修门结构形式及大小应统一，检修门板应有防脱落措施，满足防护等级系统（IP44）的防护要求。

主杆仓内应设有安装接线盒和接地的连接件。

4.10 综合设备机箱

综合设备机箱主要搭配智慧灯杆进行使用，满足不同用户单位的使用需求。综合设备机箱设置公共服务舱，舱内安装配电单元、监控管理单元、接地防护、光缆配线架等器件，为用户舱提供供电、电源管理、告警、接地服务。

综合设备机箱设置若干用户舱，舱内安装视频监控服务设备。用户舱的分隔及布局应充分考虑使用、维护要求，并考虑走线合理性。

多功能机箱设计环境类别为 I 类，选用不锈钢材质，防护等级不应低于 IP55 等级，使用寿命不应少于 20 年。箱体高度不宜高于 1800 mm，单杆箱体尺寸长宽不宜大于 450 mm，多杆拼接机箱尺寸长不宜大于 700 mm，宽不宜大于 500 mm。

箱体应根据设备管理需求，根据杆体对应功能及不同管理部门采用分舱分设计、分锁控制；箱体设计要考虑到长远功能需求，预留相应的设备空间。

综合设备机箱内部应设置走线装置，分别用于通信线缆和电源线的布放，要求强电、弱电、信号分区走线，所有线缆固定件设置应合理、充分、方便操作。

箱体内应有防水浸告警传感器，遭遇水浸时实施提前告警功能。

箱体应进行防粘贴处理，防粘贴层宜采用无色透明材料。

机箱内的每个仓位应有接地、管道和安装支架等。

4.11　接口预留

智慧灯杆在设计上应充分考虑功能设备的可拓展性，为挂载设备和配套设施预留接口及安装空间。后期可在满足杆体荷载要求的条件下便捷加装、更换设备。杆体预留接口及安装空间应符合以下要求：

① 设备连接件设计具备灵活性并与挂载设备的质量相适应。

② 各系统间应进行物理隔离，避免设备间产生干扰，保证各设备正常运行以及数据采集、传输的准确度和安全性。

③ 智慧灯杆若采用固定式方式，则无预留接口，后期加载的设备需要采用抱箍等方式，但需要考虑设备接线问题。若智慧灯杆杆体采用型材卡槽式，则有预留接口，仍需考虑设备接线问题。

4.12　传感器模块

传感器可以集成在智能灯具中，也可以独立搭载在智慧灯杆上，要保证其在具体使用场所的工作条件下（温度、湿度、腐蚀性等）正常工作的同时，必须满足相关的安全要求、性能要求、安装要求、电磁兼容等要求。

4.12.1　传感器种类

传感器种类多种多样，大致可分为三大类：环境、气象监测，运动监测和灯杆监测。可根据实际需求添加相应类型的传感器。

1）环境、气象传感器

（1）环境监测

通过在智慧灯杆上安装的环境监测设备实现对区域内的污染源等信息进行实时监测，利用智慧灯杆预留的接口安装各类环境设备或者模块，所有监测模块应支持远程集中管理、控制，满足各监测模块运行状态的监测、查询等功能。

环境监测设备主要参考技术指标如下：

① 工作温度：−22 ~ 65℃，温度测量精度：±0.5℃。

② 工作湿度：5% ~ 95%（无凝露），湿度测量精度：±3%RH。

③ 设备接口可采用标准网口 RJ-45，通用接口 RS-485、RS-422、RS-232。

环境监测设备选址及安装见表 4-4，特殊场景应按照实际需求进行调整。

表 4-4　环境监测设备选址及安装

监测指标	测量范围	布设选址	安装高度	安装方式
PM2.5	0 ~ 1000 μg/m³	人流密集区、商圈、车站、工厂、施工工地	离地 2 ~ 6 m 区域	法兰、抱箍、插槽
PM10	0 ~ 2000 μg/m³			
甲醛	0 ~ 10 ppm（即 0~13 mg/m³）			
氨气	0 ~ 50 ppm（即 0~38 mg/m³）			
一氧化碳	0 ~ 100 ppm（即 0~130 mg/m³）	工厂、城市主干道		

续表 4-4

监测指标	测量范围	布设选址	安装高度	安装方式
二氧化碳	0 ～ 5000 ppm（即 0~10 000 mg/m^3）	城市主干道、商圈、车站、工厂	离地 2 ～ 6 m 区域	法兰、抱箍、插槽
二氧化氮	0 ～ 50 ppm（即 0~100 mg/m^3）			
二氧化硫	0 ～ 100 ppm（即 0~300 mg/m^3）			
挥发性有机化合物（VOC）	0 ～ 50kg（即 0~130 mg/m^3）	人流密集区、加油站、施工工地、工厂		
噪声	25 ～ 130 dB	路边、小区		
扬尘	0.3 ～ 20 mg/m^3	设在人行道绿化带上，分布在污染源、建设工地、混凝工厂、泥头车常经过的路边等		
臭氧	0 ～ 2 ppm（即 0~21 mg/m^3）	人行道绿化带、公园等人流密集区		

（2）气象监测

通过在智慧灯杆上安装小型气象站实现对区域内的温湿度、风速、风向、雨量、气压、能见度、紫外辐射信息实时监测。利用智慧灯杆预留的接口挂载各类气象监测设备，所有监测模块应支持远程集中管理、控制，满足各监测模块运行状态的监测、查询及定位等功能。设备接口可采用标准网口 RJ-45，通用接口 RS-485、RS-422、RS-232。

传感器应遵循的规范有《传感器通用术语》（GB/T 7665—2005）、《微波和被动红外复合入侵探测器》（GB 10408.6—2009）、《信息技术 传感器网络 第 701 部分：传感器接口：信号接口》（GB/T 30269.701—2014）、《压力传感器性能试验方法》（GB/T 15478—2015）、《电容式湿敏元件与湿度传感器总规范》（GB/T 15768—1995）等。公路气象监测设备的技术要求（包括测量性能要求、采集频率、设备安装等）应符合《公路交通气象监测设施技术要求》（GB/T 33697—2017）的相关规定。积涝监测设备应符合《水文监测数据通信规约》（SL 651—2014）、《水文自动测报系统技术规范》（SL 61—2003）的相关规定。

气象监测设备选址及安装见表 4-5。

表 4-5 气象监测设备选址及安装

监测指标	测量范围	布设选址	安装高度	安装方式
温度	−52 ～ 60 ℃	①选址要具备地域代表性，能代表测点周围一定范围内的平均气象状况，确保观测资料满足代表性、准确性和比较性，并应保持站址稳定不变；②四周应空旷平坦，保持气流畅通和自然光照，保证仪器的感应面通风，不受遮阴；③设备周边 10 m 范围内无影响源，设备周边障碍物的高度距离比小于 1 : 3；④积涝传感器应布设于易涝积水点	一般在杆体顶端	抱箍、法兰、插槽、底座固定，需做好传感器防雷
湿度	0 ～ 100% RH			
风向	0° ～ 360°			
风速	0 ～ 60 m/s			
雨量	0 ～ 200 mm/h			
气压	600hPa ～ 1100 hPa			
能见度	10 ～ 20000 m			
紫外辐射	0 ～ 0.6 W/m^2			
路面温度	−40 ～ 60 ℃		距地面 2 ～ 15 m	
积涝、水浸	0 ～ 1.6 m		距地面 0 ～ 2 m	

2）运动检测传感器

运动检测感应器主要有两种产品，红外感应器，微波雷达感应器。

（1）红外感应器

通过在智慧灯杆上安装红外传感器，可对人体进行移动检测，感应方式为可重复触发。在感应封锁时间可有效抑制负载切换过程中产生的各种干扰。设备接口可采用通用接口 RS-485、RS-422、RS-232。

红外传感器设备主要参考技术指标如下：

① 静态电流：小于 50 μA。

② 触发方式：L 不可重复触发 /H 重复触发（默认重复触发）。

③ 延时时间：5 ~ 200s（可调），可制作范围为零点几秒至几分钟。

④ 封锁时间：2.5s（默认），可制作范围为零点几秒至几十秒。

⑤ 感应角度：小于 100° 锥角。

⑥ 工作温度：-15 ~ 70 ℃。

⑦ 防护等级：IP65。

（2）微波雷达传感器

通过在智慧灯杆上安装微波雷达传感器，对车辆、人体或运动物体进行移动检测，触发方式为可重复触发方式。基于 24 GHz ISM 的高频毫米波，利用多普勒频移原理检测运动物体，同时包含一个发射器和一个接收器。24 GHz 的毫米波频段可在全球广泛使用，其性能稳定可靠，在不同的温度、亮度和天气条件下保持稳定运行。其他频段的比如 58 GHz、60 GHz、77 GHz 也有使用接口，可采用通用接口 RS-485。

24 GHz 微波雷达传感器参数参考如下：

① 检测频率范围：24 GHz ~ 32 GHz。

② 发射功率：小于或等于 20 dBm。

③ 天线类型：平板型微带阵列天线。

④ 雷达照射中心：18 ~ 36 m。

⑤ 天线波束宽度：发射为 6°×30°@3dB，接收为 6°×50°@3dB。

⑥ 数据更新时间间隔：小于或等于 25ms。

⑦ 工作温度：-40 ~ 75℃。

⑧ 工作湿度：5%RH ~ 95%RH。

⑨ 防护等级：IP65。

⑩ 安装方式：顶装、侧顶装、侧装。

⑪ 覆盖车道数：4 ~ 5 车道。

⑫ 测速范围：5 ~ 250 km/h。

⑬ 测速准确度：-4 ~ 0 km/h。

3）灯杆检测传感器

（1）水浸检测传感器

在特殊区域如低洼区域、雨水多城市等，为防止因积水过多而造成不必要的损失，需要增加水浸传感器。通过 RS-485 或者开关量信号接入智慧灯杆智能网关。主要参数参考如下：

① 供电电压：DC 12V、DC 24V（可选）。

② 功耗：小于或等于 2W。

③ 误报率：小于 0.01%。

④ 工作温度：-20 ~ 60℃。

（2）倾斜检测传感器

通过在智慧灯杆上加装倾斜传感器，可对灯杆是否倾斜、倾斜角度进行检测。通过把静态重力场的变化转换为倾角变化，以数字方式直接输出水平倾角数值。主要参数参考如下：

① 供电电压：DC 12V、DC 24V（可选）。

② 分辨率：0.02°。

③ 最高精度：0.2°。

④ 量程：±90°。

⑤ 防水等级：IP67。

⑥ 输出方式：RS-485。

⑦ 工作温度：-40 ~ 85℃。

（3）漏电检测传感器

随着智慧灯杆的广泛应用，路灯杆必须24小时不间断带电。为了加强用电安全管理，及时排除安全隐患，防范用电安全事故，保障人民生命财产安全。增加漏电检测传感器，通过智能网关采集电流信号进行数据分析，及时把漏电流告警上报给管理人员。漏电检测传感器主要参数参考如下：

① 电压等级：0.66 kV。

② 频率范围：50 ~ 60 Hz。

③ 耐压等级：1 ~ 2 kV。

④ 精度等级：1级。

⑤ 阻燃特征：UL94-V0。

⑥ 防护等级：IP20。

⑦ 工作温度：-25 ~ 75℃。

⑧ 安装方式：椭圆形开口闭合式。

4.13 摄像头模块

视频采集设备即摄像机的加载，可通过智慧灯杆预留的安装插口实现摄像机的便捷安装，实现远程集中管理、控制，满足摄像机运行状态的监测，以及便捷的查询、定位等功能；视频数据可具备共享功能。智慧灯杆网络接口应满足至少两路高清摄像头的带宽要求。视频采集设备应符合以下要求：

① 视频采集设备应符合《音频、视频及类似电子设备安全要求》（GB 8898—2011）、《视频安防监控数字录像设备》（GB 20815—2006）、《公共安全视频监控联网信息安全技术要求》（GB 35114—2017）、《公共安全视频监控数字视音频编解码技术要求》（GB/T 25724—2017）的相关要求，视频采集设备的控制、传输流程和协议接口应符合《公共安全视频监控联网系统信息传输、交换、控制技术要求》（GB/T 28181—2016）的相关要求。

② 视频采集设备主要参数，如摄像机、存储设备须支持HTTP、TCP、ARP、RTSP、RTP、UDP、SMTP、FTP、DHCP、DNS、DDNS、QoS、UPnP、NTP、组播等标准协议；摄像机、存储设备须支持《公共安全视频监控联网系统信息传输、交换、控制技术要求》（GB/T 28181—2016）视频传输标准协议、onvif协议；应支持802.1X安全标准、授权的用户名和密码、MAC地址绑定、HTTPS加密、网络访问控制；宜支持Micro SD卡，支持可扩展外置拾音器接口。

③ 视频采集设备的主要布设要求。在需要识别人脸的重点区域，或需要识别车型、颜色和车牌的重点道路，宜根据具体视频采集需求，在已布设好的原有智慧灯杆中选取符合要求的智慧灯杆，作为摄像机挂载点；主干路、两个相邻信号灯路口超过1000m的路段和信号灯路口作为视频采集重点区域，可根据现场条件布设带视频采集设备接口的智慧灯杆，以满足需求部门视频采集的需求。

在城市快速路主辅道应实现视频采集重点覆盖，应在主辅道分岔口、立交等处视条件增设智慧灯杆视频摄采集设备，以满足视频采集需求；在次干路及支路的信号灯路口，车流量大，交通违法多发和事故易发路段作为视频采集重点，可根据现场条件在智慧灯杆上增设视频采集设备。

公交专用道、公交场站（包括首末站、综合车场、枢纽站出入口）、路侧公交停靠站，可视要求布设智慧灯杆，以满足需求部门安装监测专用道使用、场站车辆出入或乘客驻留等情况的视频采集设备。

在路口安装时，视频采集设备一般安装在路口的西南角或西北角，以防止太阳西斜对摄像机的照射损坏。对于重要道路，视频采集点的设置要具有连续性，保证能监测到整条道路的运行状况。视频采集点的设置位置应能避开建筑物、树木、交通标牌或其他物体对摄像机视角的影响，同时应考虑立杆和摄像机不能遮挡交通信号灯以及交通标志。

④ 视频采集设备应根据场景选择匹配的款式和型号。高速公路、快速路应设置高清卡口摄像机，摄像机像素须达到 300 万像素以上，支持多合一违法行为抓拍，支持车系、车标、车型、车色识别，且要求支持抽烟、打电话、不系安全带、纸巾盒、挂坠，能够对异常行为进行告警。

十字路口应设置高清抓拍摄像机，摄像机像素须达到 800 万像素以上，要求支持行人闯红灯抓拍、人脸检测；行人闯红灯抓拍率不低于 80%，有效率不低于 99%；支持车头、车尾车系识别；支持对驾驶员打电话、抽烟等多种行为抓拍，且抓拍成功率不低于 90%。

停车场、高速服务区应设置枪球联动一体机，像素须达 200 万像素以上，实现对停车场的停车收费进行管理，并可实现对停车场的全景监控，应具备人脸识别、行为分析等功能。

⑤ 视频图像的标注字符应符合以下要求：标注字符不应用图片镶嵌方式进行标注，应采用 16×16 点阵简体中文汉字和数字、字母、符号标注，其中汉字字符集应符合《信息技术　中文编码字符集》（GB 18030—2005）的相关规定，汉字字体应为标准宋体、正方形，并无空心、无下划线、无粗体等修饰，颜色应为白色，字符标注应为 100% 透明，即除了组成字符的点线图案外，字符空白处能正常显示原图像、图片的信息。

标注所用地点信息汉字的大小应为图像或图片长和宽中较短边的 1/15，误差不超过文字大小的 1/20；时间信息汉字大小宜为地点信息汉字大小的 2/3；半角符号高度与汉字一致，宽度为汉字的一半，字间距为 0。

⑥ 支持采集图像的安全采集，传输和分级使用，保护隐私。

4.14 公共无线接入模块

4.14.1 公共 WLAN

公共 WLAN 功能应能便捷加载，通过智慧灯杆预留的安装插口实现无线 AP 的便捷安装。无线 AP 设备以及 WLAN 网络通过远程集中管理、控制，满足 AP 设备运行状态、WLAN 网络运行状态的监测，以及便捷的 AP 设备查询、定位等功能。公共 WLAN 应符合《信息技术设备　安全　第 1 部分：通用要求》（GB 4943.1—2011）、EN/IEC 60950-1、EN/IEC 60950-22、公众无线局域网接入点（AP）设备认证技术规范、IEEE 802.11 系列标准的相关规定。

公共 WLAN 主要技术参考指标如下：

① 工作温度：-20 ～ 65 ℃。

② 工作湿度：5% ～ 95%（无凝露）。

③ IP 等级：IP67。

④ 无线 AP 宜采用 POE 供电，WLAN 用户业务流应与杆体上其他设备的管理业务流进行逻辑隔离或物理隔离。

AP 网络布置应符合以下要求：

① AC 外网光纤根据现场位置情况，就近拉到 AC 机柜处。

② 外网光纤经过光纤盒—光猫—交换机，AC 从网口接网线到交换机。

③ AP 光纤从交换机网口接入网线，经过光猫—光纤盒，转换成光纤在沿智慧灯杆分布处地埋分布。根据现场的 AP 分布，将光纤牵引到智慧灯杆检修口处。

④ 光纤地埋布线施工时需预先确定 AP 布置点，光纤接头预留在需要安装 AP 的智慧灯杆检修口。

⑤ 在提供 AP 与智慧灯杆的网络时，先将检修口的光纤网络通过熔接盒和光猫之后同时取两条网线分别引到智慧灯杆上的摄像头与 AP。

⑥ 检修口需要光纤熔接盒熔接光纤，满足 AP 点转接。

4.14.2 4G、5G 无线基站

1）4G、5G 基站概述

4G 基站供电报建造价高、时间长。虽然微基站的建设可以弥补宏基站建设的不足，具有很多的优势，但是 4G 微小基站建设过程中也存在建设时间长、建造报价高的缺点。因此在进行 4G 微小基站建设时，以节约成本为建设的原则。目前单站的电力系统平均造价已超过 3 万元，不符合快速建站和低成本建站的基本要求。而且光纤分配箱体积过大，光纤分配箱体积远大于 4G 微小基站，设备占用空间过多，也不利于美观，但其最大影响在于其不利于站点隐藏，特别是 4G 微小基站进行民事站点建设的情况。因此，在 4G 微小基站建设过程中，可以借助智慧灯杆的位置、电力和网络降低成本。

5G 不仅是无线通信产业的一次升级换代，更是一次重大的技术变革，与数字化转型技术、人工智能技术一起，成为国民经济转型升级的重要推动力。基于 5G 网络，人类在生产力提升、智能生活等方面，将有非常大的想象空间，5G 是打破传统移动通信以"人"为主的约束，通向万"物"互联，帮助人类社会进入全面的智能时代。

虽然 5G 已经成为潮流和未来必然方向，但布建 5G 基站却没有那么简单。因为 5G 建网频段较高，基站覆盖范围相对变小，同时 5G 的应用场景也在增多。所以，想要保证 5G 高速率和广覆盖需求，5G 基站在数量上要远多于 4G 基站，5G 基站的密度可能是 4G 基站的 2 ~ 16 倍。

由于 5G 毫米波穿透力较差并且在空气中衰减很大，如果 5G 仍然采用以往在 3G、4G 时期使用的"宏基站"，就不能为稍远的用户提供足够的信号保障。为了应对这个问题，5G 开始采用全新的基站——微基站。由于社会和通信等一系列的原因，未来小基站会逐渐成为 5G 通信中不同于大基站的重要增长点，特别在城市的 CBD 区域。5G 微基站的建设同样也面临着 4G 微基站建设的难题。所以，在 5G 微小基站建设过程中，可以借助智慧灯杆的位置、电力和网络来大量降低实施和维护成本。

智慧灯杆搭载 4G、5G 移动通信基站，补充提高移动通信覆盖质量。移动通信功能模块的加载包括通过杆体预留的挂载空间、预留线槽口实现移动通信基站设备（包括室外一体化天线、RRU、BBU 和基站电源等）的安装，通信基站宜单独部署光纤网络，不应接入智慧灯杆的交换机网络；智慧灯杆可满足移动通信多运营商多天线以及业务发展需求方案。

2）4G、5G 基站要求

4G、5G 等移动通信基站设备应符合《通信设备安装工程施工监理规范》（YD 5125—2014）、《通信建设工程安全生产操作规范》（YD 5201—2014）、《通信线路工程设计规范》（YD 5102—

2010）、《通信线路工程验收规范》（YD 5121—2010）、《通信线路工程施工监理规范》（YD 5123—2010）、《通信电源设备安装工程施工监理

规范》（YD/T 5126—2015）的相关规定。

移动通信设备对智慧灯杆要求见表 4-6。

表 4-6　移动通信设备对智慧灯杆要求

杆体高度（m）	最大使用平台数需求	平台预计挂高需求	每层平台最大使用设备数	承重需求（kg）	用电		杆体基本要求			
					功耗需求（W）	空开需求	杆体直径（顶部至底部）（mm）	材质	壁厚（mm）	断路器需求
15	3 层	1 层（14 m）	2	30	1280	输入容量 16 A，输出 6×6 A，每个设备接入 1×6 A	180 ~ 385	Q235、Q345、Q420、高强度铝合金材料	5 ~ 10	32A/2P×5
		2 层（13 m）	2							
		3 层（12 m）	2							
12	3 层	1 层（11 m）	2	30	1280		160 ~ 300			32A/2P×5
		2 层（10 m）	2							
		3 层（9 m）	2							
8	2 层	1 层（7 m）	2	20	960	输入容量 16 A，输出 4×6 A	120 ~ 220			32A/2P×5
		2 层（6 m）	2							
6	1 层	1 层（5 m）	2	10	640	输入容量 16 A，输出 2×6 A	110 ~ 150		5	32A/2P×5

3）4G、5G 基站的安装

基站安装方式包括：顶装、侧面安装（抱杆）、底部内嵌安装等方式（室外一体化瓦级小站宜采用内置杆体的方式进行一体化设计）。

宜预留单模块微基站的体积容量为 15 L，微基站多扇区的需求为 45 L；穿线管槽直径不应小于 30 mm；对于直流供电的微基站，电源转换模块可置于杆体内。

考虑到整体美观性、安全性、维护的便利性，建议 BBU 和基站电源不要直接安装在杆体上，统一纳入综合设备管理箱舱或机柜进行安装。

4.15　信息发布屏模块

通过在智慧灯杆上安装显示屏模块和屏幕显示处理模块，可显示政府公告、交通信息、气象监测信息及预警等，信息发布屏展示功能应通过远程集中管理、控制，满足显示屏设备运行状态的监测、查询及定位等功能。

信息发布屏应符合《LED 显示屏通用规范》（SJ/T 11141—2012）的要求。安全方面应符合《音频、视频及类似电子设备　安全要求》（GB 8898—2011）、《信息技术设备　安全　第 1 部分：通用要求》（GB 4943.1—2011）、《远程视频监控系统的安

全技术要求》（YD/T 1666—2007）的相关要求。电磁兼容方面应符合《声音和电视广播接收机及有关设备 无线电骚扰特性 限值和测量方法》（GB/T 13837—2012）、《信息技术设备的无线电骚扰限值和测量方法》（GB 9254—2008/CISPR 22:2006）的相关要求。性能方面应符合《彩色显示器色度测量方法》（GB/T 15609—2008）、《发光二极管（LED）显示屏测试方法》（SJ/T 11281—2007）的相关要求。

4.15.1 信息发布屏种类

信息发布屏按发光方式分类，可分为：LCD 显示屏、LED 显示屏、电子墨水 EPD 显示屏。

4.15.2 信息发布屏应满足的要求

1）LCD 显示屏主要参数参考

①物理解析度：大于或等于 1920 像素（水平）×1080 像素（垂直）。

②亮度：大于或等于 2000 cd/m²。

③静态对比度：大于或等于 1000 ：1。

④灰阶响应时间：小于或等于 6 ms。

⑤可视角度：水平角度和垂直角度大于或等于 178°。

⑥阳光下可视，液晶屏不黑化。

⑦显示颜色：大于或等于 1670 万种（8bit）。

⑧LCD 显示屏发光面 IP 防护等级不应低于 IP65。

⑨LCD 显示屏发光面表面应避免使用容易产生反射眩光和光幕反射的材料。

2）LED 显示屏的相关规定与要求

①像素中心点间距：小于或等于 5.0 mm。

②最大亮度：大于或等于 4500 cd/m²。

③在背景照度为 10 ～ 30 lx 时，其对比度大于或等于 1000 ：1。

④刷新频率大于或等于 3840 Hz。

⑤水平视角：大于 60° 或小于 -60°。

⑥垂直视角：大于或等于 50°。

⑦三基色（全彩色）显示，每种基色灰度处理能力大于或等于 256 级（8bit）。

⑧灰度处理深度大于或等于 4096 级（12bit）。

⑨3500 ～ 9500 K 范围内标定色温点的白场色品坐标，对照《CIE 标准色度观测者》（GB/T 20147—2006/CIE10527:1991）表 1 的色品坐标值，允差为 |△x| ≤ 0.01，|△y| ≤ 0.01。

⑩LED 显示屏发光面 IP 防护等级不应低于 IP65。

⑪LED 显示屏发光面表面应避免使用容易产生反射眩光和光幕反射的材料。

4.16 公共广播服务模块

通过在智慧灯杆上安装公共广播设备发布广播信息，利用智慧灯杆预留的安装插口灵活实现广播喇叭的便捷安装，通过远程集中管理、控制。为便于部署，宜采用 IP 广播。公共广播设备性能及安装要求应符合《公共广播系统工程技术标准》（GB/T 50526—2021）和《音频、视频及类似电子设备 安全要求》（GB 8898—2011）的相关规定。

公共广播主要技术参考指标如下：

①工作温度：-22 ～ 65 ℃。

②工作湿度：5% ～ 95%（无凝露）。

③直流供电方式 DC 24V、DC 48V 两种可选。

④交流供电方式：AC 220V。

⑤IP 等级：IP65。

⑥ 设备接口：以太网口。

⑦ 系统设备信噪比应大于或等于 70 dB。

⑧ 漏出声衰减应大于或等于 15 dB。

⑨ 扩声系统语言传输指数应大于或等于 0.55。

4.17 公共广播服务模块

通过在智慧灯杆上安装多媒体交互终端设备可传播文字、声音、图像等方面的信息，通过传感器实现人机之间的交互沟通。多媒体交互终端应符合《LED显示屏通用规范》（SJ/T 11141—2012）的相关要求。安全方面应符合《音频、视频及类似电子设备 安全要求》（GB 8898—2011）、《信息技术设备 安全 第 1 部分：通用要求》（GB 4943.1—2011）的相关要求。电磁兼容方面应符合《声音和电视广播接收机及有关设备无线电骚扰特性 限值和测量方法》（GB 13837—2012）、《信息技术设备的无线电骚扰限值和测量方法》（GB 9254—2008/CISPR 22：2006）的相关要求。性能方面应符合《彩色显示器色度测量方法》（GB/T 15609—2008）、《发光二极管（LED）显示屏测试方法》（SJ/T 11281—2007）的相关要求。

1）多媒体交互屏主要技术参考指标

① 工作温度：-20 ～ 65 ℃。

② 工作湿度：5% ～ 95%（无凝露）。

③ IP 等级：IP65。

④ 屏幕类型：电阻屏、电容屏，宜采用电容屏。

⑤ 通信接口：以太网口（RJ-45 等）。

⑥ 多媒体接口：VGA、HDMI、DVI、DP 等。

⑦ 安装方式：内嵌于智慧灯杆底部。

2）多媒体交互屏使用场景

① 智慧园区、景区：园区（景区）导航、人才招聘、招商引资指导、路线规划、打车服务、停车指示、汽车充电互动、天气查询等。

② 人流量较多的十字、步行街路口：美食推荐、招商引资指导、人才招聘、路线规划、打车服务、新闻资讯、天气查询等。

4.18 一键求助对讲模块

通过在智慧灯杆上安装一键求助按钮模块、一键呼叫处理模块和可视对讲模块，实现应急呼叫及应答，利用智慧灯杆预留的安装插口灵活安装，一键呼叫设备应能远程集中管理、控制。

作为城市重要的基础设施，该功能还应该考虑到特殊人士和儿童的方便使用。

⑩ 具有回路检测、监听功能。

⑪ 支持远程控制调节音量。

⑫ 自带模拟音源输入。

一键求助对讲设备主要参考技术指标如下：

① 工作温度：-30 ～ 70 ℃。

② 工作湿度：5% ～ 95%（无凝露）。

③ 供电电压：DC 5 ～ 9V。

④ IP 等级：IP65。

⑤ 网络接口：以太网口（RJ-45）。

⑥ 支持协议：TCP/IP、DHCP。

⑦ MIC 喊话距离：1.5 m 内。

4.19　充电桩模块

充电桩的设计和制造应使其作为智能路灯的一部分，保证其在具体使用场所的工作条件，如供电系统、环境温度、环境湿度、环境腐蚀性等。与此同时也必须满足以下相关的安全要求、电磁兼容要求、性能要求与安装要求：

① 交流充电桩（栓）壳体应坚固。

② 充电桩在结构上须防止手轻易触及露电部分。

③ 交流充电桩（栓）应充分考虑散热的要求。充电桩（栓）应有良好的防电磁干扰的屏蔽功能。

④ 充电桩（栓）应有足够的支撑强度，应提供必要设施，以保证能够正确起吊、运输、存放和安装设备，且应提供安装螺栓孔。

⑤ 桩（栓）体底部应内嵌安装在高于地面不小于1 m 的灯杆里。桩（栓）体宽度应小于 100 mm，以适应不同类型的灯杆。

⑥ 桩（栓）体外壳应采用抗冲击力强、防盗性能好、抗老化的材质。

⑦ 非绝缘材料外壳应可靠接地。

⑧ 充电桩应与灯杆融为一体，避免产生凸出杆体的现象。

⑨ 充电桩应为独立式结构，方便检修和更换。

⑩ 充电桩的客户端需要有统一的接入方式，方便用户使用。

其中具体要求应符合以下几点：

1）连接方式

交流充电的连接方式宜使用符合《电动汽车传导充电系统　第 1 部分：通用要求》（GB/T 18487.1—2015）中的连接方式 B，直流充电的连接方式应使用符合《电动汽车传导充电系统　第 1 部分：通用要求》（GB/T 18487.1—2015）的连接方式 C。供电设备结构设计须满足《电动汽车传导充电用连接装置　第 2 部分：交流充电接口》（GB/T 20234.2—2011）附录 B 与《电动汽车传导充电用连接装置　第 3 部分：直流充电接口》（GB/T 20234.3—2023）附录 B 规定的供电插头正常使用的要求，供电设备上所使用的附属配件须满足《电动汽车传导充电用连接装置　第 2 部分：交流充电接口》（GB/T 20234.2—2011）附录 A 与《电动汽车传导充电用连接装置　第 3 部分：直流充电接口》（GB/T 20234.3—2023）附录 A 的相关要求。

2）电器要求

支持机械开关。

开关和隔离开关应符合《低压开关设备和控制设备　第 3 部分：开关、隔离器、隔离开关及熔断器组合电器》（GB/T 14048.3—2017/IEC60947-3:2015）的相关要求，开关和隔离开关的额定电流不应小于工作电路额定电流的 1.25 倍，其使用类别不应低于 AC-22A 或 DC-21A。

接触器应符合《低压开关设备和控制设备　第 4-1 部分：接触器和电动机启动器　机电式接触器和电动

机起动器（含电动机保护器）》（GB/T 14048.4—2020）的相关要求，接触器的额定电流不应小于工作电路额定电流的 1.25 倍，其使用类别不应低于 AC-1 或 DC-1。

断路器应符合《电气附件　家用及类似场所用过电流保护断路器　第 1 部分：用于交流的断路器》（GB/T 10963.1—2020/IEC 60898-1:2015）或《低压开关设备和控制设备　第 2 部分：断路器》（GB/T 14048.2—2020）的相关要求，具备过载和短路保护功能。

继电器应符合《基础机电继电器　第 1 部分：总则与安全要求》（GB/T 21711.1—2008/IEC61810-1:2003）的相关要求。

若电动汽车供电设备具备电能计量，应符合《电动汽车交流充电桩电能计量》（GB/T 28569—2012）或《电动汽车非车载充电机电能计量》（GB/T 29318—2012）的相关要求。

进线侧应安装漏电保护装置。

3）剩余电流保护器

当供电设备具有符合《电动汽车传导充电用插头、插座、车辆耦合器和车辆插孔通用要求》（GB/T 20234—2006）要求的供电插座或车辆插头时，应具备防故障电流的保护措施有类型 B 的剩余电流保护器，类型 A 的剩余电流保护器及相关设备直流故障电流大于 6 mA 时断开供电。

4）电气间隙和爬电距离

用于室外的供电设备应设计可在最小过压类型 III 的环境中运行。

当电动汽车供电设备由制造商安装时，其电气间隙和爬电距离应至少满足《低压系统内设备的绝缘配合　第 1 部分：原理、要求和试验》（GB/T 16935.1—2008/IEC 60664-1:2007）的要求。

5）电压输出

电动汽车供电设备按照输出电压分类应满足以下要求：

① 交流：单相 220 V，三相 380 V。

② 直流 *：单相 220 ~ 500 V；350 ~ 700 V；500 ~ 950 V。

* 注：高于 950 V 的供电设备由车辆制造商和供电设备制造商协商决定。

6）接触电流

接触电流应满足以下要求：

本条款仅适用于电缆和插头相连接的设备。任一交流相线和彼此相连的可触及金属部件之间，以及和覆盖在绝缘外部材料上的金属箔之间的接触电流，应根据 IEC 62477-1 第 5.2.3.7 款的触摸电流测量实验进行测量且不应超出表 5 规定的值。

7）线路要求

充电向快充方向发展，对于灯杆的供电必须符合以下要求：

充电桩进线的敷设按《电力工程电缆设计规范》（GB 50217—94）第五条"电缆敷设"规定要求施工。

4.20　智能网关

4.20.1　智能网关分类

根据上海浦东智能照明联合会发布的团体标准《智慧灯杆网关规范》（T/SILA 005—2022），智能网关可以依设备的不同功能分为以下四类：

第一类：仅具备适配网络接口功能。

第二类：除具备第一类网关功能外，还具备数据汇聚处理功能。

第三类：除具备第二类网关功能外，还具备给灯杆设备供电功能。

第四类：除具备第三类网关功能外，还具备 AI 扩展功能。

4.20.2　智能网关功能

智能网关可集合光端机、路由器、交换机、协议栈和安全认证算法等功能实现系统设备对接、信息采集、信息输入、信息输出、集中控制、远程管理、联动应用等，是智慧灯杆的核心设备。

不同类别的智能网关应具有不同的电源供电配置。

第一类：应支持至少一路直流输出。

第二类：应支持至少一路直流 12 V（最大 2 A）输出和至少一路直流 24 V（最大 2 A）输出，应具备电压、电流、功率、能耗检测功能。

第三类：应支持至少两路直流 12 V（最大 2 A）输出和至少两路直流 24 V（最大 2 A）输出，应具备电压、电流、功率、能耗检测和过压、欠压、过载等电源保护功能。

第四类：应支持至少两路直流 12 V（最大 2 A）输出和至少两路直流 24 V（最大 2 A）输出，应具备电压、电流、功率、能耗检测和过压、欠压、过载等电源保护功能。必要时，网关设备可支持可控交流输出。

网关设备的基本配置包括：CPU、内存、存储等规格配置，应按照具体功能进行选择，可参照下列参数值：

CPU：支持 ARM、x86、MIPS、RISC-V 等架构，至少具备 2 核处理器。

内存：至少具备 1GB 内存空间。

存储：至少支持 8GB 存储，宜支持拓展内存功能。

智能网关功能应符合以下要求：

智能网关的接口应能满足不同设备的接入，可包括：RS-485、RS-232、光纤、I/O 接口，DC 48V、DC 24V、DC 12V、DC 5V 电源输出口，网口，Wi-Fi，交流输出，USB，3G、4G；应支持 Modbus、UDP 与 TCP 协议，OPC、MQTT、HTTP 等物联网通用协议，符合《公共安全视频监控联网系统信息传输、交换、控制技术要求》（GB/T 28181—2016）的相关要求；具备南向协议栈功能，北向通用 MQTT 标准，满足与各使用方平台通过标准 MQTT 协议对接；以太网口应满足工业交换机以太网要求。

协议转换能力支持 IPsec VPN、L2TP、PPTP、GRE 等 VPN 协议，支持路由配置功能，可设置 NAT、Port Forwarding、Virtual Server、DMZ；除一类外，其余类型支持 MQTT、TCP/IP、UDP、Modbus、TFTP、HTTP、HPLC 等网络协议。

设备管理能力支持实时监测查询杆体上设备的运行状态并定期上报至管理平台，支持设备故障远程告警；可实现远程集中管理及维护，建立远程设备的安全网络服务、远程集中式管理与监控，可支持用户通过安全通道对设备进行远程诊断、调试、升级；应支持软、硬件恢复出厂设置。

应具有数据缓存功能，当判断上行链路断开后，可缓存终端数据；可支持导入导出功能，方便批量设备的配置工作；第四类智能网关应具有 AI 扩展能力，具体见本书第 4.20.3 节。

智能网关作为管理功能，管理智能设备，向管理平台提供服务，通信协议应符合《公共安全视频监控联网系统信息传输、交换、控制技术要求》（GB/T 28181—2016）的相关要求，上级域为管理平台，父结点为智能网关，子结点为各功能设备。通过智能网关，支持灵活的联动策略配置，实现多种设备互联互动以及标准化数据的互通和共享。

4.20.3　边缘计算功能

　　根据上海浦东智能照明联合会发布的团体标准《智慧灯杆网关规范》（T/SILA 005—2022），第四类智能网关应具有 AI 扩展能力，支持 AI 模型库管理、模型部署和 AI 服务管理。这使云端的计算能力可以下放到感知端，通过边缘计算，为系统提供更快速的响应。

　　边缘计算是一种分散式运算的架构。在这种架构下，将应用程序、数据资料与服务的运算由网络中心节点移往网络逻辑上的边缘节点来处理。边缘运算将原本完全由中心节点处理的大型服务加以分解，切割成更小与更容易管理的部分，分散到边缘节点去处理。边缘节点更接近于用户终端装置，可以加快资料的处理与传送速度，减少延迟。

　　在智慧城市的智慧灯杆中，智能网关提供 EC 能力，可以使边缘网关具备处理能力，去中心化管理系统更可靠。同时让智能道路系统变得更为灵活和可控，控制时延更小。可以通过边缘策略进行快速控制，并定期和中心云端进行同步。可以使道路更加智慧，及时根据道路交通的情况和城市管理的需求快速调动和调节智慧灯杆上所搭载设备的状态、参数和行为。

4.20.4　智能网关安全

　　网关作为智能道路照明控制系统中的边缘计算部分的实现部分，负责多个控制器节点与云端服务器连接的中继，以及执行部分边缘计算的工作，在产品实现上需要考虑以下几个方面的安全需求：

　　① 设备身份认证：基于安全认证算法为每一个网关设备提供一个唯一不可复制的身份识别码（UID），并凭借先进的非对称加密算法向节点端或云端提供身份认证证明，以防止攻击者以虚假的模拟设备接入到智能照明系统的网络中进行破坏。

　　② 可信启动：基于安全认证算法的可信度量机制或启动代码签名校验机制保证网关主控 MCU 中运行代码的完整性和可信任性，防止攻击者借助植入恶意代码的方式对系统造成安全风险。

　　③ 安全敏感数据的存储：基于安全认证算法中的安全存储区域存储一些系统敏感度较高的数据信息，以防止攻击者对该部分数据的篡改。

　　④ 通信链路的加密：网关在与节点端、云端进行数据通信时需要在一条安全加密的通信链路上进行，以防止攻击者窃听、解析、篡改、控制通信链路上的数据。

　　⑤ 安全的固件更新：网关的固件通常需要支持某种固件代码更新的机制，而这一机制经常会被攻击者利用，以实现对网关主控 MCU 中注入恶意代码，进而实现远程控制网关并对整个智能照明网络带来安全风险。所以可以借助安全认证算法作为可信任根，构建一套安全可靠的固件更新机制，满足固件更新时的认证、加密、完整性检查等安全需求。

　　具体可参考上海浦东智能照明联合会发布的团体标准《智慧灯杆网关规范》（T/SILA 005—2022）中对智能网关的安全要求：为保障智慧照明系统的网络安全，网关设备的所有用于生产、调试和维修的接口硬件部分应默认禁用且用户不可激活，禁用或去掉易被攻击者利用的调试功能或组件。对于可对设备进行管理的外部通信接口，应提供接入认证机制。通过 WLAN 方式接入设备，应支持使用加密方式进行认证。针对常见攻击，网关设备应具备一定的防护能力，应支持 DMZ 功能，支持当连续非法登录尝试次数达到限制时锁定用户；远程升级应支持升级数据加密传输，应具备断网自适应性，在外网断开后也可自主监控所有接入设备的状态、告警、联动。

4.21 供电

4.21.1 供电基本要求

智慧灯杆的供配电设计应符合《供配电系统设计规范》（GB 50052—2009）的相关要求。智慧灯杆的配电方式根据是否需要为信息化设备提供引电电缆资源，可采用市政供电或后备蓄电源配电两种方案。

在市政电力可以独立供应的情况下，信息化设备宜优先采用市政电力供电。采用交流供电时，智慧灯杆具备双路供电功能，信息化设备与智能照明所需电源分路敷设、独立计量，信息化设备的供电线路需24小时供电；采用直流浮地供电方式时，信息化设备所需电源与智能照明采用相同的取电方式，所有设备（不含充电桩类）均采用 DC 48 V（含）以下的直流电源集中供电，设备维护时可带电拆卸，无须断电影响其他设备运行。

在市电不能独立供应的情况下，或作为市电正常供电中断时的应急补充，信息化设备采用蓄电池供电。蓄电池的起始电能取自智慧灯杆现有供电设施，蓄电池使用寿命应为 5 年（不含充电桩类），电池续航能力 5 小时以上。

4.21.2 供电电源功率要求

智慧灯杆各挂载设备的功率、线缆规格及材质见表 4-7，实际应用应根据具体情况进行适当调整。

表 4-7 智慧灯杆挂载设备（单个）功率、线缆规格及材质要求（参考值）

设备名称	产品类别	参考功率	电缆规格及材质	杆体主线总功率及电缆规格（AC 输入）
照明设备	照明	$100 \sim 350$ W（LED 灯）	功率小于 0.5 kW，主线电缆规格宜选用 2×4 mm² 铜芯电缆	① 功率小于 5 kW，主线电缆规格建议选用 4×6 mm² 铜芯电缆； ② 功率小于 10 kW，主线电缆规格宜选用 3×10 mm²$+1 \times 6$ mm² 铜芯电缆； ③ 功率小于 20 kW，主线电缆规格宜选用 3×16 mm²$+10$ mm² 铜芯电缆； ④ 功率小于 30 kW，主线电缆规格宜选用 3×25 mm²$+1 \times 16$ mm² 铜芯电缆； ⑤ 功率小于 40 kW，主线电缆规格宜选用 3×35 mm²$+1 \times 25$ mm² 铜芯电缆
视频采集	监测	25 W		
微（宏）基站	通信	300 W		
公共 WLAN	通信	30 W		
公共广播	输出	40 W		
环境监测	监测	0.5 W		
气象监测	监测	30 W		
一键求助呼叫	—	15 W		
气象监测	监测	30 W		
一键求助呼叫	—	15 W		
信息发布屏	显示	$900 \sim 1200$ W/m²	功率小于 2 kW，主线电缆规格宜选用 2×6 mm² 铜芯电缆	
多媒体交互	显示	36 W	功率小于 0.5 kW，主线电缆规格宜选用 2×4 mm² 铜芯电缆	
交流充电桩	充电	7 kW	功率小于 10 kW，主线电缆规格宜选用 3×10 mm²$+1 \times 6$ mm² 铜芯电缆	
直流充电桩	充电	50 kW	功率小于 30 kW，主线电缆规格宜选用 3×25 mm²$+1 \times 16$ mm² 铜芯电缆	

供电设计应综合考虑各挂载设备的用电负荷，单个智慧灯杆的总用电负荷约为 2 kW；考虑今后发展，单个智慧灯杆用电负荷建议为 2.5 kW。

智慧灯杆上设备众多，用电负荷达到 2.5 kW，电池组占用空间较大，无法集成在智慧灯杆内进行安装，需另行安装电池机柜。

4.21.3　充电桩对智慧灯杆供电要求

挂载设备包含充电桩时，根据充电桩所需电负荷和安装环境不同，应符合以下要求：

① 安装慢充充电桩的智慧灯杆，充电桩需 7 kW 的电负荷，全部满载的负荷在 9.5 kW，单个智慧灯杆的用电负载不宜低于 9.5 kW。

② 安装快充充电桩的智慧灯杆，充电桩需 30 ～ 120 kW 或更高用电负荷，单个智慧灯杆用电负载不宜低于 120 kW，并应安装于路灯直流控制箱旁，控制箱规格应与充电桩（快充）相匹配。

4.21.4　智能照明供配电系统要求

智能照明供配电系统应与信息化设备分路敷设，并符合下列要求：

① 智能照明配电变压器的负荷率不宜大于 70%，宜采用地下电缆线路供电，当采用架空线路时，宜采用架空绝缘配电线路。

② 变压器应选用连接线组别为 D，yn11 的三相配电变压器，并应正确选择变压比和电压分接头。

③ 应采取补偿无功功率措施。

④ 道路照明宜采用路灯专用变压器供电；照明供电方式一般采用 380V（220V）三相四线中性点直接接地的交流网络供电，或采用 200 ～ 300 V 直流浮地供电方式；照明与动力用电共用变压器时，二次侧电压为 380V（220V）作为正常照明的供电电压。

⑤ 配电方式（灯具）一般由照明配电箱以单相支线供电，每个分配电盘（箱）和线路上各相负荷分配应尽量平衡。户外路灯按造型主要分为道路灯、庭院灯、景观灯三大类，其中道路灯和庭院灯灯具数量一般少于 6 盏，宜采用两相供电；景观灯的灯具数量一般大于 6 盏，应采用三相供电；各个灯具分别接到不同的相线上，可使用三相五线制供电方式。

⑥ 道路照明配电回路应设保护装置，每个灯具应设有单独保护装置。

⑦ 每根智慧灯杆上挂载设备的电源须统一接入、统一管理，支持远程控制和断电保护、多路配电，由总配电箱分业务计量，宜采用防水接线端子保证系统可靠性。

⑧ 电缆铺设方式为单井铺设，其他设备供电电缆起始端应有单独开关，便于切断电源进行维修。

⑨ 配电系统中性线的截面不应小于相线的导线截面，且应满足不平衡电流及谐波电流的要求。

4.21.5　电气安全要求

1）智慧灯杆系统电气要求

智慧灯杆系统的电气安全应符合以下要求：

① 强电弱电走线设计应保证独立、互不干扰；弱电宜具备保护开关，并具有漏电监测和告警功能。

② 电缆采用穿电缆保护管敷设方式，电缆管连接应牢固，密封良好；强弱电管线应分别单独穿管敷设，电缆管敷设净距不应小于 0.25 m。

2）智慧灯杆其他电气要求

智慧灯杆各类电气接口应符合下列要求：

① 市电接入与接线端子之间的电气接口：应符合《灯具　第 1 部分：一般要求与试验》（GB 7000.1—2015/IEC60598-1:2014）和《道路与街路照明灯具安全要求》（GB 7000.5—2005/IEC60598-2-3:2002）的相关规定。

② 接线端子与光电开关之间的电气接口：控制装置应采用恒压恒流一体化电源设计，考虑智慧灯杆接口互换的要求，控制装置电气接口宜采用接线端子，并且根据功率的不同采用一路或两路端口输出；一路或两路端口按智慧灯杆的控制装置的功率大小决定于芯数。

③ 接线端子与控制装置之间的电气接口：控制装置输入端采用接线端子，可根据控制装置的功率大小采用不同规格的控制装置输出端。

④ 控制装置与线束连接器之间的电气接口：根据智慧灯杆控制装置的功率的不同，线束连接器可提供电气规格转化功能，可以提供一进一出或一进多出的电气功能为智慧灯杆各模块供电。

⑤ 线束连接器与各功能模块之间的电气接口：应符合《灯具 第1部分：一般要求与试验》（GB 7000.1—2015/IEC60598-1:2014）和《道路与街路照明灯具安全要求》（GB 7000.5—2005/IEC60598-2-3:2002）的相关规定。

⑥ 智能控制模块与控制装置之间的电气接口：应符合《灯具 第1部分：一般要求与试验》（GB 7000.1—2015/IEC60598-1:2014）和《道路

与街路照明灯具安全要求》（GB 7000.5—2005/IEC60598-2-3:2002）的相关规定。

⑦ 供电安全可靠，设备采用多个分路空气开关，维修相关设备时只需断开相应的空气开关，不用断电影响其他设备运行。

4.21.6 防电磁干扰要求

防电磁干扰应符合下列要求：

① 应采用接地方式防止外界电磁干扰和设备寄生耦合干扰。

② 电源线和通信线缆应隔离铺设，避免互相干扰。

③ 应对关键设备和磁介质实施电磁屏蔽。

④ 防雷接地应符合《LED道路照明工程技术规范》（DB44/T 1898—2016）、《城市道路照明设计标准》（CJJ 45—2015）、《通信局（站）在用防雷系统的技术要求和检测方法》（YD/T 1429—2006）第5.3节的相关规定。

⑤ 智慧灯杆的门孔布设应高于浸水范围，应做到防水防尘良好，门孔、接线端子接线高度在特殊情况下应高位安装，避免发生门孔、接线端子被水浸没。

4.22 综合管理平台

智慧灯杆管理平台即软件管理系统，主要对智慧灯杆及相关设备进行管理、控制、运行监测、数据运维等。

在城市中，智慧灯杆上搭载的功能模块来自多个政府部门，由于涉及的管理权责、政策限制和分工不同，打通数据互通的综合管理平台的实施难度非常大，往往是各个功能由各个部门单独管理，智慧灯杆仅仅是提供位置资源，提供合杆，提供多个功能设备的载体。

但是在园区，应用需求相对简单，性价比高，实用性强，管理部门单一，优势明显。可以提供智慧灯杆综合管理平台，架构在云服务上，对设备统一监管、科学决策，进行综合管理。

4.22.1 综合管理平台功能

路灯监控：实时查看现场路灯设备的运行情况，并准确调取所有设备的实时数据。

地图监控：在地图上准确显示每一个设备的运行情况，并实时操控。

能耗分析：设置各种能耗阈值，准确显示耗能情况并进行数据分析。

策略管理：制定各种自动控制策略，实现无人化运行。

报表管理：准确查询现场设备的历史记录，实现数据可追溯。

基础信息：管理平台中的各种设备，设置设备的参数阈值。

故障告警：监控现场设备运行情况，发现异常情况实时告警并分析，可以通过短信或邮件的形式发送给指定的人。

公共无线：管理 Wi-Fi 终端发射设备。

视频监控：局域网监控，录像回放，云平台远程监控。

信息发布：LED、LCD 或电子墨水显示屏终端管理，节目编辑、发送。

一键求助：具备紧急呼叫接收告警画面，双向对讲的功能。

传感器监测：监测各种传感器数据。

充电桩管理：管理充电桩运行状态。

4.22.2　综合管理平台对外接口

平台应对外开放接口。接入端口支持以太网接口、无线接口、串口、USB 接口等接入各种类型终端设备，支持接入设备查询，运行状态查询，固件远程升级。支 持 MQTT、TCP/IP、UDP、Modbus、TFTP、HTTP、HPLC 等网络协议。接口主要扩展功能包括鉴权、设备管理、命令管理、订阅管理等。

第5章
智能道路照明系统
经典案例

5.1　智能道路照明系统需求分析

1）良好的光环境

道路照明最基础的要求就是提供夜晚照亮道路的功能，随着我国城市的发展、经济的繁荣、社会的进步、生活水平的改善及环境质量的提高，提供一个更好的光环境变得日益紧迫。更好的光环境，包括更高的照度水平，更好的照度均匀性，更优秀的眩光控制等。

2）节能减排

建设和运维城市道路照明需要支付较高的照明综合费用，即电费、维修费以及维护费。如何使道路照明效果更加卓越，如何降低城市公共照明的综合费用支出，一直以来也是道路照明灯具的另一个需求。LED 路灯是采用 LED 光源制作的路灯，具有高效、节能、寿命长和照明质量高的特点，LED 路灯性能不断提高，价格不断下降，市场应用逐步展开。

3）运维管理

随着城市规模的扩大，路灯数量的迅速增长，人工控制方式在按需控制、节能、故障实时监控处理等方面已越来越不能适应城市的发展，于是提出了对于道路照明智能控制系统的要求。智能道路照明系统在使用高效 LED 光源的基础上，再通过通信控制技术和传感技术既实现节能降耗，又满足了方便运营维护的诉求，同时也达到预期的照明效果，极大地支持了智慧城市应用。

最常需要的智能道路控制功能包括单灯控制、分组控制、本地自控或远程控制，上报灯具的故障和运行状态。

4）资源集约

在基于 5G 发展构建的高数据流量和高传输速率的物联网环境下，智慧城市对多种感知设备和多种通信有更多的需求，比如传感器及感知设备、高清摄像头、无线 Wi-Fi、广告屏、5G 通信基站等，智能道路照明系统是智慧城市中有天然的信息感知与反馈平台，路灯单体的高度和灯杆的内腔容量，能够满足搭载或者集成这些设备的空间需求。

5）功能需求

单灯控制需求：实现可调光和远程监控管理。

集中管理需求：分区控制、故障告警、能耗统计、运维派单等。

智能调光需求：根据时间、环境照度、天气变化等情况进行智能开关以改变道路照明的照度、颜色等。

城市信息采集需求：各类感知单元的集成，城市运行管理数据的采集。

与交通系统联动需求：服务道路交通，违章停车提醒，路侧停车收费，为车路协同提供数据服务等。

5.2 智能道路照明系统的建设模式

在智慧城市建设的大潮中，采用物联网、大数据、云计算等技术建设城市智能照明，解决城市公共照明现存不足和问题，从而推动城市公共照明管理水平的提升，促进节能减排。同时，利用灯杆资源优势集成多种技术，实现灯杆综合利用，从而提高城市基础设施智能化水平，为真正实现信息资源共享一体化的智慧城市打好坚实基础。

现阶段智能照明大多采用分立（垂直）模式进行建设，由照明管理部门自建管理和服务平台，如果需要对接智慧城市管理系统，可通过应用程序编程接口（API）的方式进行数据交换共享。

由于智能照明的内涵不断扩大，不光包括照明业务的控制，还包括集成在灯具或搭载在灯杆上的传感感知设备，尤其是采用了 NB-IoT 通信方式，统一物联网平台的优势日趋明显。其他搭载在智慧灯杆上的设备，如摄像头设备、信息发布设备，由于行业政策和数据管控等原因，其相关服务还是采用分立自建自管的垂直模式。

将来，智能照明涵盖智慧灯杆上支持的智慧城市全面的业务，需要对智慧城市业务进行统一的接入管理、数据管理和共享打通，采用统一平台的建设模式是必然的选择（图 5-1）。

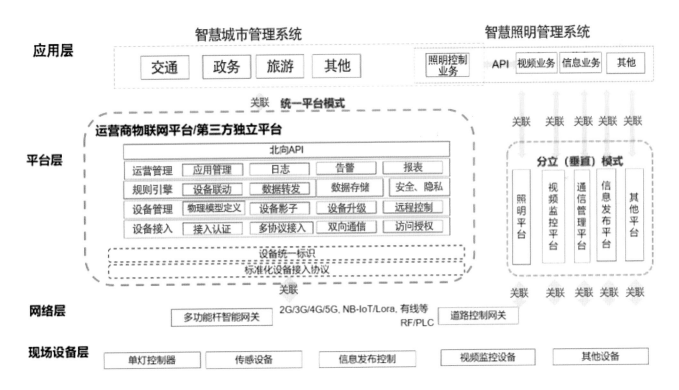

图 5-1 智能道路照明分层架构示意图 [图片来源：昕诺飞（中国）投资有限公司]

5.3 智能道路照明控制系统架构和功能

5.3.1 智慧道路照明控制系统架构

智能道路照明控制系统对道路照明灯具进行控制和管理，系统组成部件主要有：道路灯具、照明控制器（单灯控制器）、网关或集中器（也称控制终端，可选）、智能道路照明管理平台。其连接如图5-2所示。

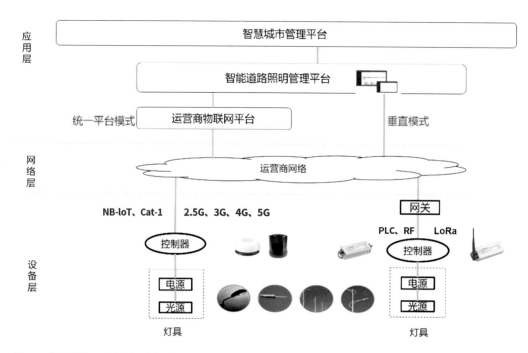

图5-2 智能道路照明控制系统组成 [图片来源：昕诺飞（中国）投资有限公司）]

可以采用两层架构或三层架构，在两层架构中，照明控制器直接通过远程通信连接到管理平台，在三层架构中，照明控制器通过本地通信连接到集中控制器或网关，再通过远程通信连接到管理平台。

LED 道路灯具一般由 LED 光源和智能 LED 电源构成，也有智能灯具集成道路照明控制器。

道路照明控制器接收照明控制管理平台或网关的命令，对灯具进行控制，也可以根据传感器的信息，对灯具进行自适应控制，还可以根据预先设置的信息，对灯具进行自动控制，并记录和上报灯具的运行相关信息和故障。

1）单灯控制器类型

道路照明控制器也称为单灯控制器，可以分为以下两类：

① 内置式单灯控制器，安置在灯具内部或灯杆内部。

② 外置可插拔式单灯控制器，安装在灯具外部（顶部或底部）或灯杆上。

智能电源将电网电源输入转化为 LED 光源所需的电流电压，通过通信和控制协议与智能照明控制器连接，调整输出给 LED 光源的电压或电流输出，从而调整 LED 光源的光参数。

2）智能电源类型

智能电源分为以下三类：

① 模拟控制智能电源：支持模拟控制信号 0/1-10V/PWM。

② 数字控制智能电源：支持数字控制信号 DALI。

③ 带辅助供电的数字控制智能 D4i 电源：支持数字控制信号 D4i，为了简化道路控制器的设计，降低成本，智能电源还可以提供辅助直流输出，给控制器供电。

网关是智慧道路管理平台中心和单灯控制器末端的联系纽带，具备将本地连接通信转换为远程通信，对照明回路进行控制，监测照明的运行状态，采集运行信息，存储运行数据，与智能照明控制器（单灯控制器）和中心管理系统（主站）进行操作命令执行，数据交换等功能，一般安装在变电箱或控制柜中。

在使用 PLC、RF 等本地通信协议或以 LoRa、LoRaWAN 作为通信方式时，需要使用网关设备，这种架构为三层架构。

当采用 NB-IoT 或 2G、3G、4G、5G 作为通信方式时，单灯控制器直连管理系统，连接交给专业的运营来完成，这时不需要网关设备。这种架构为两层架构。

网关对单灯控制器的信息进行综合处理后，转化为共同通信协议接入到公共通信网络。网关也称为集中控制器或集中控制柜。

5.3.2　智慧道路照明控制系统功能

智能道路照明控制系统采用多种先进的通信技术使道路照明控制器接入智能道路照明管理平台，实现单灯控制、状态监测、参数设置、数据处理、系统管理等功能，达到对道路照明单灯全面监测、智能控制、精准管理等，实现按需照明和节能减排。

1）单灯控制

控制系统应支持监控管理平台远程控制相应的单灯控制器，实现下述控制功能：

① 开关控制：可以进行灯具的开关控制。

② 调光控制：可以通过调光实现功率控制。

③ 单灯或编组控制：可以进行单灯控制以及通过对若干单灯进行编组实现分组控制。

④ 集散控制：可以进行分散控制和集中管理。

⑤ 控制策略：可以通过设定的控制策略进行控制，包括基于时段的控制、基于地理位置的控制、应急状况控制、基于光照度等环境参数的控制等。

2）状态监测

控制系统应具有路灯运行状态监测功能，包括以下几点：

① 运行参数：电压、电流、功率、功率因数、漏电流、相位等运行参数和运行状态。

② 能耗数据：时段用电量、总用电量等。

③ 故障信息：线路异常信息、路灯故障信息等。

④ 无线信号质量数据：信号强度（RSRP）、无线信号干扰信噪比（SINR）、无线信号覆盖等级等。

⑤环境信息：照度、温湿度等环境参数。

3）参数设置

控制系统应支持相关参数的设置，具体包括以下几点：

① 灯具参数：可以设置并记录灯具参数。

② 时段控制参数：可以设置分时段控制。

③ 地理位置参数：可以设置并记录地理位置。

④ 调光控制参数：可以设置调光比例。

⑤ 环境参数：对于一定规模的照明控制系统，可以设置照度、温湿度等环境参数。

4）数据处理

控制系统应能对数据进行记录和处理，包括以下几点：

① 亮灯率统计：通过对亮灯率限值设置，判断亮灯率统计值是否超限，并进行及时的告警，对相关状态事件做记录。

② 工作时长：对时段工作时长、累计工作时长等进行统计。

③ 用电量统计：对用电量进行统计。

④ 超限告警：通过对电压、电流限值设置，判断电压或电流是否超限，并进行及时上报。

⑤ 状态记录：对单灯控制器上报的路灯状态做记录。

⑥ 数据管理：应具备数据备份、数据检索、数据导出、数据恢复、数据统计、制表和打印功能等。

⑦ 故障预警：根据采集到的各类运行数据统计分析，建立故障预警模型，对接近寿命末期的设施设备作出故障预警提示。

5）系统管理

系统管理应具有下列功能：

① 在线升级：单灯控制器支持在线升级应用程序，方便版本更新。

② 系统时钟获取：具有获取网络时钟的功能。

③ 设备运行管理：能对灯具及单灯控制器设置运行参数。

④ 运行日志管理：包括各类用户创建的信息、用户登录信息、灯具及单灯控制器的运行状态、各类故障和告警、管理员对系统配参数的修改等。

⑤ 人员权限管理：监控管理平台应具有权限管理功能，对登录系统的所有操作人员应经过身份认证后授予一定的管理权限，并按权限范围进行操作。

⑥ 资产管理：照明设施的档案管理，照明设施信息的增加、删除、修改、查询等，统计各类设施的数量。

⑦ 资产维护：当有故障产生，系统主动上报故障并自动产生派工单，安排相应的管理人员进行维护，对维修进行记录。

5.4 智能道路照明控制系统中的通信

5.4.1 远程通信

远程通信接口连接照明控制器和智能道路照明管理平台，或网关和远程智能道路照明管理平台。

远程通信协议可以采用 2.5G、3G、4G、5G 或 NB-IoT、Cat.1 连接。

5.4.2　本地通信

本地通信接口连接照明控制器和网关。

当智能照明控制系统中有网关设备时，本地通信协议汇聚照明控制器的信息到集中的网关，本地通信协议连接照明控制器和网关设备。

通信协议可以采用短距离通信协议。

有线通信协议可以使用电力载波通信与 PLC 通信。

无线通信协议可以采用短距离 RF 通信，比如 433M 或 2.4G Zigbee 通信。

通信协议也可以采用低功耗广域网技术，比如 LoRa、LoRaWAN 通信。

5.4.3　道路照明使用的通信方式分析

道路照明中采用的通信协议有：电力载波 PLC、RF 无线（比如 Zigbee）、2.5G、3G、4G、5G、NB-IoT、Cat.1 或其他，如 LoRa、LoRa WAN 等，其优缺点比较见表 5-1。

表 5-1　通信协议比较

通信协议	优点	缺点
窄带 PLC	在现有的电力线上承载控制信号，需要做到和现有路灯系统兼容性好，控制器成本低；能安装在灯杆控制箱内，相对安装检修方便；除了集中控制器的通信费用外，无须其他费用	需要集中控制器；受电缆质量和电力环境影响干扰大，通信质量不稳定；需要扩展中继组网来提高网络的效率和强壮性
宽带 PLC HPLC	在窄带 PLC 的优点上增加了网络带宽	继承了窄带 PLC 的缺点；处于标准化起步阶段，互通性有待提高；成本有待下降
RF 无线（Zigbee）	网状网组网，组网能力强，网络强壮性好；低功耗，控制器成本低；除了集中控制器的通信费用外，无须额外费用	需要集中控制器；无线频率受其他无线和电磁设备等干扰大，需要不停优化
GPRS、3G、4G、5G	通过运营商网络来进行通信，无须用户自己解决网络问题；无集中控制器	单灯控制器成本高；每个单灯控制器需要通信费用
NB-IoT	通过运营商网络来进行通信，无须用户自己解决网络问题；无集中控制器；由于 NB-IoT 的模组的价格不断下降和运营商的推广优惠，单灯控制器价格下降快	需接入运营商物联网平台，接入 NB-IoT 网络需要和运营商进行优化配置；每个单灯控制器需要通信费用；时延大；并发性支持不够理想
Cat.1	通过运营商网络来进行通信，无须用户自己解决网络问题；无集中控制器；支持足够的带宽；并发性支持好	价格有待下降
LoRa、LoRaWAN	独立组网，组网覆盖距离大，支持节点多；适用于点对多点集中或 MESH 网络，自适应数据，实时性好，功耗低；除网关转接公共网外，无使用费用	需要自建网关或集中器；自建 LoraWAN 网络有政策风险，470M 属于微功率，功率受限，小于 50mW

5.5　智能照明控制器的安装

5.5.1　安装方式分类

照明控制器的安装可以分为内置式和外置可插拔式两种方式（图5-3）。

1）内置式

传统的单灯控制器大多是内置式的，一般位于灯具内部。如果是无线单灯控制器，可直接将天线放置在灯具内部的电源腔内，但这会导致接线复杂，维修不便。同时由于灯具采用金属制成，对无线信号具有很大的衰减、屏蔽作用，并没有充分发挥无线的优势，所以一般将基于电力线方式传输的单灯控制器进行内置式安装。

内置式单灯控制器也可以放在灯杆检修孔位置的电器腔内，因为高度不够，无线性能更容易受到树荫遮挡或者遭到破坏，因此内装式的无线单灯控制器没有充分发挥其通信性能。

2）外置可插拔式

采用集成接插头的外壳单灯控制器可使安装维修方便，并采用塑料外壳的内置天线，具有良好的无线信号穿透效果，且避免了延长馈线的信号衰减问题，能够充分发挥单灯控制器通信性能。

（1）外置可插拔式1

交流供电照明控制器安装接口：NEMA ANSI C136.41接口。

NEMA ANSI C136.41接口分为底座和插头两部分。底座固定安装在灯体上，其上的插孔和金属导板连接到灯具内部的电源上，底座包括3个交流供电功能的插孔和4个或2个控制信号的接触导板。

插头固定在控制器上，包括取电管脚插针和控制信号弹片；插头安装到灯体底座的插孔中，连接控制装置和控制器；插头包括3个交流供电功能的管脚插针和4个或2个控制信号的弹片。

供电支持：AC 220V。

高压供电道路照明控制器机械接口见图5-4，具体参考NEMA ANSI C136.41接口结构。

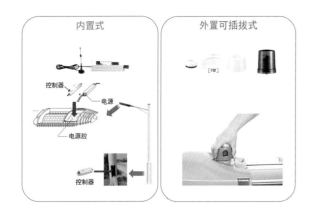

图5-3　道路智能控制器安装方式［图片来源：昕诺飞（中国）投资有限公司］

图5-4　高压供电道路照明控制器机械接口［图片来源：昕诺飞（中国）投资有限公司］

具体供电和控制连接见表5-2。

表 5-2 高压供电道路照明控制器机械接口管脚插针连接

插针／管脚	连接
1、2、3	AC 220V 供电
4、5	第一路控制连接
6、7	第二路控制连接

控制连接为"2、4插针"时应满足以下条件：

① 1 ~ 10V 信号调光。

② PWM 控制方式。

③ DALI 电子镇流器。

1 ~ 10V 和 PWM 参考《管状荧光灯用交流和 / 或直流供电电子控制装置——性能要求（第 4.1 版；合并再版）》（IEC60929-2015），DALI 参考《数字可寻址照明接口 第 209 部分：控制装置的详细要求 色度控制（设备类型 8）》（IEC62386-209:2011）或者《数字可寻址照明接口 第 304 部分：特殊要求 输入设备 光传感器》（GB/T 30104.304—2021/IEC62386-304:2017）。

（2）外置可插拔式 2

直流供电照明控制器安装接口：Zhaga book18 接口。

低压直流供电照明控制器接口即 Zhaga book18 接口，其底座为 4 孔结构，插头为 4 针结构，采用 24V 直流供电，具体机械尺寸和连接参考 Zhaga book18 接口，如图 5-5 所示。

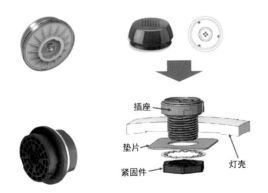

图 5-5 低压直流供电照明控制器机械接口：Zhaga book18 接口
[图片来源：昕诺飞（中国）投资有限公司]

具体供电和控制连接见表5-3。

表 5-3 Zhaga book18 接口的管脚插针连接

终端控制器插头	底座插孔	功能描述
插针 1	插孔 1	DC 24V 供电
插针 2	插孔 2	公共接地端 控制信号 D4i-/ 电源地
插针 3	插孔 3	控制信号 -D4i+
插针 4	插孔 4	预留

控制信号支持 D4i 协议，具体参考《数字可寻址照明接口 第 209 部分：控制装置的详细要求色度控制（设备类型 8）》（IEC62386-209:2611）与《数字可寻址照明接口 第 304 部分：特殊要求 输入设备 光传感器》（GB/T 30104.304—2021/IEC62386-304:2017） 和 DiiA-250、DiiA-251、DiiA-252、DiiA-253 系列标准。

由于 Zhaga book18 接口严格规定了接口机械尺寸、供电方式以及 D4i 控制协议，其可以严格保证即插即用。

（3）外置可插拔式 3

直流供电照明控制器安装接口：NEMA 接口。

可以利用 7 管脚 NEMA 接口的外围 4 管脚提供直流供电照明控制器安装，管脚定义如图 5-6 所示，具体功能描述见表 5-4。

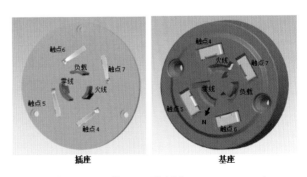

图 5-6 7 管脚 NEMA 接口（图片来源：zhaga book18 ）

表 5-4 7 管脚 NEMA 接口编号和连接

终端控制器插头	底座插孔	功能描述
插针 1	插孔 1	DC 24V 供电
插针 2	插孔 2	公共接地端 控制信号 D4i-/ 电源地
插针 3	插孔 3	控制信号 −D4i+
插针 4	插孔 4	预留

5.6 基于 Cat.1 连接的智能道路照明控制系统案例

5.6.1 项目介绍

兰溪市城市照明路灯智能系统升级改造项目通过对城市照明集中控制系统及平台数字化进行升级改造，解决道路照明设备老化，终端设备因干扰不受控制，误报率高，系统功能缺乏导致的无法实现智能管控等问题。借助先进的科技手段和前瞻性的设计思维，完善了"数字化照明"的基础设施，通过提升智慧照明综合管理平台实现照明基础设施运行数据、能耗数据、开关灯亮灯率、节能率等数字化展现，为管理决策提供依据。提升系统管控力，依托先进的智能化和数据分析技术，智能派发工单，及时维护，提升运维管理水平，实现精细化管理。进一步丰富和优化亮灯模式，按照深夜、平日、节假日等不同控制模式，实现照明分级控制，全面提升亮灯质量和整体展示效果。落实路灯安全防护，通过物联网技术对安装在各区域的用电状态进行实时监测，对不正常用电状态进行监测和预警，准确找到问题部位，保障线路安全，通过安装漏电保护装置预防安全隐患，确保路灯设施安全运行和安全监管。实现数据互通、资源共享、预留数据对接接口等，为第三方提供算力结果反馈数据。

5.6.2 项目需求分析

项目所在路段原有路灯启闭状态通过回路进行控制，一路开关往往只能控制整条道路的路灯启闭，无法做到按需照明。并且日常的维修依托于人员巡更，往往很难及时发现并解决问题，效率低且浪费人力物力。在灯具的使用上以高压钠灯为主，这种灯具的特点是能耗高、光效低、显色性差、光衰大、不稳定，会使道路照明能耗大且效果不佳。所谓单灯控制，就是能实现对每一盏灯的独立精准控制，让管养维修更轻松。同时可以结合不同时段和车流量情况调节路灯明暗，实现"按需照明"。提高照明系统管理水平，降低维护成本，避免照明能源浪费。Cat.1 通信，以场景为依托从国家政策鼓励到运营商牵头集采拥有能够承载 Cat.1 技术的成熟国产芯片平台，再到模组厂商快速形成规模效应，最终由终端厂商不断开拓新的应用场景反哺生态。

配电箱设施现状：部分配电箱未安装控制终端。该路段最早安装的控制终端建设至今已近十年，已经严重超出电子产品正常使用周期，很多点位因线路网络布局出现无信号或信号较弱，老化终端频繁出现掉线，路灯用电安全保护技术无法有效解决漏电带来的安全隐患。此外，配电箱存在生锈腐蚀问题，在用电过程中产生安全隐患，部分点位没有地方可以安装放置远程控制器，需要集中管理，统一进行开关灯。

路灯控制设施现状：部分灯具尚未安装控制，随着城市美化的不断发展，广告牌、灯笼、红绿灯、摄像头等用电设备都会从灯杆取电，这些外接设备都会对目前使用的路灯造成严重的干扰，使得路灯无法控制，后半夜无法实现按需调光，节能达不到预期效果。同时，若外接设备的干扰不解决，则系统会一直主动上报问题产生告警，无法准确获得路灯运行的实际情况，难以给管理部门提供有效的数据参考和决策依据，造成维护工作量不降反增，间接增加维护成本。

其他现状：随着使用年限的不断增加，工作站、服务器等设备老化，软件平台设备数据储存溢满，频繁出现卡顿、宕机、数据节点丢失和无法登录访问等情况。系统软件功能不足，缺乏工单管理、告警管理、亮灯率记录，维护没有事件记录、流程跟踪、统计等功能。软件的开放性、兼容性、可扩展性缺乏，无法做到与不同厂家设备的互联互通，无法安全适度地开放部分数据给第三方系统平台，无法实现数据交换。缺乏数字化展现，应急照明相对应的管理措施、电参数、能耗、亮灯率等科学性指标。

综合以上现状分析本项目需求如下：

1）提升照明管控力

系统依托国际先进的智能化和数据分析技术，提升管理部门的照明管理水平，增强系统管理和科学管理能力，实现精细化管理。同时叠加设施基础数据，照明实时控制数据，电流、电压、电能数据以及综合统计分析数据等，实现多源数据的融合共屏展示，简化对大量动态终端的控制管理，提高管理效率，提升管理精细化程度。

2）提升应急保障能力

系统构建多种场景模式，为运行维护部门简化照明运行维护难度，提升运维效率及质量，确保系统在日常模式、节假日模式和重大活动模式下的可靠运行。系统可通过自动化的数据采集、诊断以及分析功能对照明设施的控制数据进行24小时不间断的采样、测量、传输和分析，配合智能算法对照明设施、控制设施的运行情况数据进行处理、分析，并将相关运行状态以微信、短信的形式通知到运维单位，大幅提升应急保障能力。

3）实现路灯复杂控制要求

本次系统升级无论从技术上，还是管理上都对路灯照明控制提出了很高的要求。规模大，控制要求高，控制对象丰富，控制内容复杂，可在空间上、时间上实现不同的照明方案和模式的组合控制。控制精度高，对于每个控制场景、方案都可进行拆分，并且将控制指令细化到单个照明灯具。

4）实现照明精细化管理

随着城市夜景照明的快速发展，在带来城市美观、形象提升的同时，也出现了能源浪费、照明不平衡等问题，急需一套专业的城市照明系统来兼顾节能减排与有序适度亮化，实现对照明精细化控制和管理。通过可视化的照明集中控制平台，结合实时控制数据、能耗数据、图像数据等，实现对照明系统设计、建设、运行以及维护的全生命周期精细化管理，从技术层面和管理层面，确保照明设施长期稳定的运行。

5）实现资源应用优化

对运行数据、照度数据、能耗数据、开灯亮灯率数据等进行多元分析，根据夜间的人流、客流情况，适时调整道路照明策略，并根据使用情况和趋势实现按需照明，提高资源使用效率及服务品质。

6）提高系统的易维护性

为减少系统正常运维所需的人力资金成本，系统必须具备自动检测与故障告警等易维护性功能。通过实时监测系统及各设备设施运行状态、亮灯情况及时发现故障点，对于系统可自我修复的功能应具备快速自我修补能力，对于需借助人工帮助的故障则迅速关联工单应用，以最快速度解决，保障系统的正常运行。

7）完成城市节能减排的目标

城市照明能源消耗和每年的电费开支不仅是一项不小的财政负担，同时也有大量的能源浪费。系统建设完成后可以实现"按需照明"，根据用户的不同时间、地点、应用场合提供合适的照明照度、动态调光、智能节能，在保证正常照明效果的前提下，避免城市照明能源浪费，节约大量城市照明能源。

5.6.3 项目设计、建设和运营

根据高起点、高标准、高性能、严要求的指导方针，结合计算机网络信息系统的共性，对照项目建设的个性，遵循"智能性、实用性、安全性、拓展性、可靠性、先进性"的设计原则，针对目前城市照明系统存在的诸多问题，避免造成重复投资和资源浪费，坚持科学规划，立足全局和长远发展，加强分析研究。

1）项目设计方案

（1）用 Cat.1 通信技术单灯控制器消除干扰

针对路灯控制受到干扰的问题：定制阻波器，更换不同通信方式的灯具控制终端是解决干扰问题最有效的方式。但现如今市场上定制阻波器的价格几乎接近更换控制终端的价格，而且不能彻底解决干扰引起不受控、报警多等问题，因此，只有对现有使用的控制终端进行全面更换，才能彻底解决干扰不受控，减少报警问题，实现二次节能的智能化远程调光。

针对尚未安装控制器的灯具问题：可统一采购Cat.1单灯控制器进行安装控制，统一纳入管理平台，实现全市路灯的统一管理。

（2）更换老化配电箱控制终端

针对终端通信无信号、信号弱的问题：目前使用的2G终端不能更换模块，只能整机更换，且现今因为2G通信卡损坏已不予补办，所以解决节点丢失、网络无信号或信号弱的办法只有更换老化设备，以提高设备运行效率，降低故障率。

（3）更换问题配电箱

针对配电箱老化的安全隐患问题：部分照明配电箱过于老旧，生锈腐蚀严重，存在严重的用电隐患问题。如果继续用于生活生产，遇到雷雨天气的时候极易引发重大安全事故。因此，针对有问题的配电箱，建议进行整体更换，重新规整线路排除相应的问题，对问题"识之于未发"。

（4）安装漏电监测模块

针对配电箱用电安全监测问题：照明配电箱目前缺乏相应的监测手段，照明设施取电用电过程中难以及时发现用电隐患，可通过加装漏电监测模块进行动态监测，遇到漏电等情况可及时上报管理部门。

（5）升级城市照明综合管理平台

针对当前照明系统功能匮乏的问题：全面升级城市照明综合管理平台。智慧城市道路照明系统依据海量设备接入，利用大数据计算以及高扩展性和高安全性原则来搭建大数据系统。增加告警管理、资产管理、流程跟踪、统计分析等功能，把运维人员定期分班巡检改成值班坐等告警产生，运维人员根据各种分类告警故障原因和总数去现场进行维修，每修复一项故障，系统告警减少一个，有效解决现有软件数据杂乱、告警多等问题。这样一来可以大大提高工作效率，降低运维成本。

针对软件开放性、兼容性、可扩展性缺乏的问题：可通过升级城市照明系统平台，支持向上实现将平台对接城市大脑即大数据中心系统，向下打通不同子系统之间的数据共享、应用联动。系统采用分布式数据处理，可扩展系统容量，支持高并发数据访问，可实现多物联网节点的介入和数据交互。

针对缺乏科学性指标和数字化展现的问题：通过升级城市照明系统平台，对运行数据、照度数据、能耗数据、开灯亮灯率数据以及客流数据等科学性指标进行多元分析，并可通过图表和报表等方式展现，清晰明了。可提供各个主体的综合统计分析数据和情况对比。通过对多来源数据的综合分析，实现对照明管理的高发问题、重点问题等的分析，智能化地向管理部门提出预报和预警等决策分析结果，为政府提供数据支持决策。

（6）更换服务器，使用云服务器，按需扩容

针对现有服务器卡顿、宕机等问题：可采用更换服务器，通过云服务器进行按需扩容来解决。服务器及网络架构采用应用服务与数据服务分离的方式，一是通过租用运营商服务器，搭建平台安装和运行的支撑环境；二是依靠控制中心与各现场节点的硬件防火墙以及云堡垒机、数据库软件等运营商云端安全防护产品，确保数据访问安全，有效解决服务器卡顿、系统无法访问等问题。

以下是云服务器的优点：

① 云服务器访问速度较快，使用的带宽基本都可以享受多线互通，而且可以自动检测何种类型的网络速度比较快，并且会切换到相应的网络，从而进行数据传输。

② 操作升级比较便捷，处理能力安全可靠，计算服务还可以自由扩展。

③ 如果原始的配置无法满足使用，那么也可以通过升级硬盘、内存、CPU 等多种方式解决，不需要重装系统，不会影响到以前的使用。

④ 储存比较方便，各种数据都可以在云服务器上备份，因此即便存在硬件问题，也不会丢失数据。

⑤ 安全性和稳定性较高，能够支持不同节点的重建，就算计算节点出现损坏和中断，虚拟机在短时间内也可以通过其他的节点来重新构造，不会影响到数据的完整性。

⑥ 可以按需付费，避免出现资源浪费现象。

（7）保障信息安全稳定，加强网络安全管理

系统平台设计有用户管理、功能权限管理、日志信息管理、数据转存等功能，结合上网行为管理、入侵检测管理、防病毒、安全审计等软硬件安全设施以及一套信息安全管理制度，能满足信息系统等保二级检测认定要求。不仅如此，还具备边界防护、入侵检测、入侵防御、恶意代码防范、访问控制、安全审计、用户接入认证、数据加密、设备接入网络认证、数据多重备份等多层面安全措施，防止系统遭受攻击而崩溃，网络设备掉线等引起的风险，确保系统稳定、可靠、安全地运行。

安全评估：采取工具评估、人工评估方式相结合的手段来进行主机、网络及安全设备安全评估。发现存在的安全隐患并提出针对性解决方案和技术建议。

2）项目建设和运营方案

（1）数字化升级改造

通过数字化升级城市照明系统，实现对城市照明设施的远程感知、控制、运维等功能，打通不同子系统之间的数据共享、应用联动。实现已有照明管理系统的对接升级，通过开放标准，编制接口模块，预留数据对接接口，可为第三方提供算力结果反馈数据。

（2）业务应用扩展

业务应用旨在通过二维与三维地图的可视化展示，对照明设施进行科技化监管，能够使管理人员通过该平台第一时间发现各种路灯问题，彻底改变过去只有通过人工上路巡查发现问题的粗放型监管方式。包括地理信息系统、智能工单管理系统、移动端应用系统、综合统计分析系统、综合应用维护、可视化数据分析展示等。

（3）路灯安全防护

通过物联网技术对安装在各区域的路灯用电状态进行实时监测。对于不正常的工作状态，平台能够进行监管和预警，并准确找到问题部位，保障路灯线路的电气安全。通过安装漏电监测模块预防因漏电而导致的安全隐患，保障路灯设施安全运行。

（4）通信网络搭建

本项目以租用云服务器的方式搭建照明系统平台，平台中心及现场终端设施可申请固定的互联网 IP 地址，通过外网专线与云平台实现互联互通。为了更好地满足照明场景联动的同步需求可直接申请云专线，通过内网地址进行云平台的访问。

（5）数据采集与建库

实现所有照明设施、控制设备、电缆、配电箱的空间位置和属性信息的采集及入库，建设基于地理信息的景观照明集中控制平台综合数据库。

（6）信息安全防护

系统采取全面的安全保护措施，包括事件记录及跟踪、密码保护、多级用户管理、冗余备份以及双机备份、异地备份等措施。在网络安全上设计多种防护措施，防止系统受到恶意攻击，保证系统安全运行，具备高度的安全性和保密性。需对接入系统的设备和用户进行严格的接入认证，以保证接入的安全性。支持对关键设备、关键数据、关键程序模块采取备份、

冗余措施，有较强的容错和系统恢复能力，确保系统长期正常运行。系统满足国家信息系统安全等级保护二级评测要求。

5.6.4　项目风险、效益分析及项目亮点经验

1）社会效益

① 提高管理水平。以信息化手段开展城市道路照明管理工作，全面、及时、准确掌握管理对象的情况，有助于实现精细化管理，提高维护工作效率，有效避免因信息不对称而造成的监管漏洞，理顺照明管理应急抢修、日常维护流程，为创建城市的新形象奠定坚实的基础。

② 提升服务水平。实现与市民的良性互动，市民可以参与并监督城市照明的管理工作，提高人民群众共同管理城市的认同感，提升管理效能。

③ 提高事件响应速度。改造范围内的道路照明设施及设备实现全时空、全方位的监控管理，大大增加故障事件的响应及时性，降低故障发生率，增加市民满意度，减少对管理部门的投诉。

2）经济效益

① 降低运营成本。对于白天亮灯或晚上灭灯等异常开关灯情况，以往都是通过人工巡检或市民电话投诉才能发现，造成人员浪费及公众服务质量的降低。对于区域性异常开关灯实时告警，可在监控终端或移动终端上对现场情况及时发现提醒，维护人员因此可有目的性、针对性地进行现场维护，减少不必要的巡检。

② 节能减排，绿色环保。在保证照明亮度和安全性的前提下，通过对照明设施的远程智能控制，可全面有效管理照明能源，在不增加维护成本的前提下降低城市道路照明的耗电量，同时也减少了开灯时间，延长了灯具寿命，进一步降低了运行成本。

作为智慧城市建设的重要组成部分，此次物联网路灯控制项目不仅有效控制了能源消耗，大幅度节省了电力资源，助力了当地绿色转型发展，而且有效提升了公共照明管理水平，降低了维护和管理成本。结合城市发展需要，积极发挥科技优势，全面提升了配套基础设施能级，为市民提供了"智能、安全、明亮"的出行体验。通过建设智慧照明为主的数字信息基础设施，将 5G、物联网、大数据、云计算等新一代信息技术形成合力，有力推进了 5G 规模化应用，助力数字化、智能化智慧照明行业的转型升级。

5.6.5　项目实景

图 5-7 为项目实景。

图 5-7　项目实景（图片来源：浙江方大智控科技有限公司）

5.7　基于 NB-IoT 连接的智能道路照明控制系统案例

5.7.1　项目介绍

苏州市高新区落地合同能源管理模式市政路灯节能改造项目通过对苏州市高新区超 12 000 盏路灯进行升级改造，给每盏路灯安装基于 5G 技术应用的 NB-IoT 感知、控制系统，搭建道路照明管理云平台，大幅度改善道路照明质量，实现自动开关灯调光、设备工单自动生成等功能。该项目解决了常见路灯管理中的疑难杂症，实现了辖区内路灯数字化精细化管理。

5.7.2　需求分析

实现单灯控制是本项目的基本需求。它集物联网、云计算、GIS 等技术为一体，从根本上改变城市路灯的管理方式，把传统路灯管理只能控制到路段升级为对城市每一盏灯进行直接开关及功率控制，达到节能减碳和调节亮度的目的，满足现代城市照明精细化管控的需要。

5.7.3　项目设计、建设和运营

项目采用智慧路灯、NB-IoT 单灯控制器以及智慧照明管理云平台三位一体的组合模式，在每个照明节点上安装一个集成 NB-IoT 模组的单灯控制器，以 NB-IoT 单灯控制器为核心，智慧照明连接边缘计算处理前台和数据中心后台，分析感知数据并进行相应的动作，如根据光照感知分析进行灯光亮度自动调整。

项目采用高光效 LED 智慧路灯，达到良好的节能效果。路灯采用压铸一体化外观设计，超白钢化安全玻璃防护罩，抗冲击能力强，灯具内置水平仪，提高了灯具的安装效率和精准度。壳体采用压铸铝壳体，内置大面积接触式散热片，壳体表面静电喷涂，抗腐蚀能力强，自清洁无积灰。灯具采用无黄斑专业透镜设计，出光效率高。电器腔免工具开盖、自动断电专利设计，方便维护。支持多种智能终端功能扩展，支持 NB-IoT 协议，可实现诸如光感开关、单灯控制、巡检报障、调光控制、运行数据报表等功能（图 5-8）。

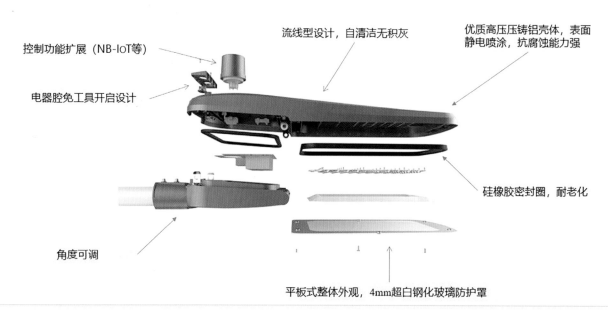

控制功能扩展（NB-IoT等）

电器腔免工具开启设计

角度可调

流线型设计，自清洁无积灰

优质高压压铸铝壳体，表面静电喷涂，抗腐蚀能力强

硅橡胶密封圈，耐老化

平板式整体外观，4mm超白钢化玻璃防护罩

图 5-8 LED 路灯产品结构（图片来源：欧普道路照明有限公司）

1）系统的关键技术参数

① 灯具光效：140lm/W（3000K）。

② 灯具显色指数（Ra）：70 。

③ 灯具功率因数：0.95 。

④ 灯具整灯防护等级：IP 66。

⑤ 灯具抗冲击等级达到 IK 08。

⑥ 灯具具有 10kV 抗浪涌保护。

⑦ 灯具安装方式：顶装，安装角度为 ±15° 可调。

⑧ 控制方式：支持 NB-IoT 智能控制。

控制系统采用 NB-IoT 通信技术，实现单灯控制器的开关控制，实时性响应，一致性的批量操作。利用 Wi-Fi 通信实现本地控制及调试，实现无须接线即可对灯具进行调试及软件升级，控制器诊断等功能。基于 NB-IoT 的通信模块固件通过云端 FOTA 升级及嵌入式 MCU 固件升级，满足软件升级功能需求。通过单灯控制器的 AC 电参数计量及校准技术，实现单灯能耗的精确计量，为合同能源管理提供技术手段（图 5-9）。

图 5-9 NB-IoT 单灯控制系统关键部件单灯控制器、LED 驱动电源（图片来源：欧普道路照明有限公司）

2）单灯控制器关键技术参数

① 远程单灯开关、调光。

② 采集电压、电流、功率等参数。

③ 故障的主动上报：异常开灯、关灯，灯杆倾斜告警，线路告警。

④ 支持 0 ~ 10V、PWM 调光可选，兼容行业多款 LED 驱动电源。

⑤ 运营商认证：通过运营商接入测试。

⑥ 调试便利：支持无线本地测试。

⑦ 单灯控制器安装在灯具顶部。

⑧可实现双灯的独立开灯、关灯及调光操作。

控制系统支持基于物联网架构的管理云平台，结合路灯海量设备并发处理的特点，实现对海量路灯的运行监控、数据处理、运行预警、运行统计和分析，提升路灯智能化管理水平，实现精细化管理。同时，采用移动终端和服务器云端同步技术、二维码识别技术，实现对路灯施工录入信息管理、工单管理、故障管理等。目前，管理云平台关键技术指标产品故障率不大于 0.05%，设备在线率大于 99.9%，告警准确率大于 99.9%，提升了路灯利用效率，减少了故障和灾害，实现了辖区内路灯的数字化、精细化管理（图5-10）。

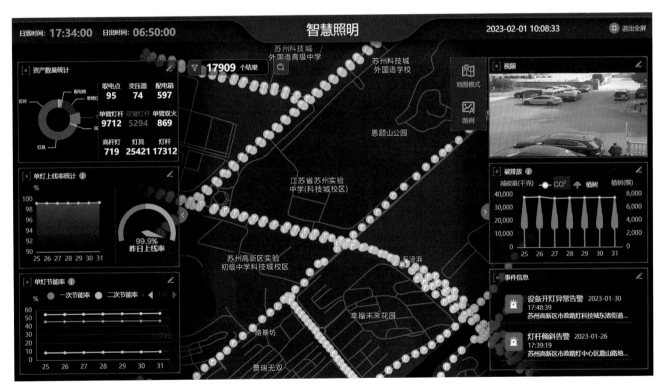

图 5-10　管理平台界面（图片来源：欧普道路照明有限公司）

5.7.4 项目效益分析和亮点经验

1）项目效益分析

本项目计划改造数量 12 468 盏，实际改造数量 12 703 盏，采用智慧路灯、NB-IoT 单灯控制器以及智慧照明管理云平台产品解决方案，与改造前对比，节电率可达 58.15%，实现年节电量 869.48 万千瓦时，折合标煤 1068.59 吨 / 年，碳减排量 2778.34 吨 / 年，节能效果显著。

2）项目亮点和经验总结

采用 NB-IoT 通信技术，实现单灯控制器对路灯的远程调光、开关，电参数获取，时间控制器开关灯，光照控制器开关灯等功能。通过道路照明管理云平台，对路灯的运行监控、数据处理、运行预警、运行统计和分析实现精细化管理，可提升路灯数字化管理水平。

在使用过程中，发现 NB-IoT 的网络时延性和并发性有待提高。NB-IoT 道路控制系统控制参数见表 5-5。

表 5-5 NB-IoT 道路控制系统控制要求

项目名称	控制要求
上电、开关灯频率	早晚各一次
召测和巡检	20min 一次，15s 内召测到数据，成功率高达 99%
单灯控制响应	10s 内
批量单灯控制响应	20s 内
故障上报	5s 内
心跳	5min
固件更新	偶然事件

经验和注意事项总结见表 5-6。

表 5-6 NB-IoT 道路控制注意事项

注意事项	要求	说明
常连接	PSM 和 eDRX 关闭	路灯行业使用工频交流电，要求接收下发命令，关闭 PSM 和 eDRX 有利于快速响应命令
错峰注网	通过一定的规则，比如设备编号数字分批注册	一个基站单扇区一般最大接入 200 盏路灯，同时注册网络会造成网络拥堵或无法注册
告警数据上报	合并上报	同一次通信，多条告警或状态数据合并一个报文上报，报文大小不超过 200B
心跳间隔	保持应用层连接	建议 25 min
软件更新	必须支持 FOTA 或 OFOTA	项目实施强制要求

5.7.5 项目实景

图 5-11 为项目实景。

图 5-11 现场实景（图片来源：欧普道路照明有限公司）

5.8　Zigbee 连接的智能道路照明控制系统案例

5.8.1　项目介绍

莆田市市政路灯节能改造项目通过对区域内超 18 000 盏路灯进行升级改造给每盏路灯安装基于 Zigbee 技术的控制系统，搭建道路照明管理云平台，从而大幅改善道路照明质量，实现自动开关灯调光。除此之外还解决了路灯管理常见的疑难杂症，实现了辖区内路灯数字化、精细化管理。

5.8.2　需求分析

实现目标区域 LED 照明灯具的改造以及单灯控制，有效解决节能、环保、光污染等问题。

5.8.3　项目设计、建设和运营

项目采用 Zigbee 单灯控制器控制高功率 LED 路灯，通过照明管理平台可以对道路照明进行远程集中控制和管理。

1）Zigbee 无线技术

Zigbee 无线技术是一种低速短距离传输的无线网上协议，其传输速率可达 250kb/s，底层是采用 IEEE 802.15.4 标准规范的媒体访问层与物理层。相对于传统短距离无线通信有以下几点特征：

① 高安全性。Zigbee 采用高级加密标准（AES 128）的对称密码，并采用了三级安全模式。

② 快速响应。一般从睡眠转入工作状态只需要 15ms 左右，入网只需要 30ms。

③ 高容量。理论上一个节点网络可以达到 65 535 个子节点，能够满足超人网络的需求。

④ 中继转发。协议支持中继转发功能，形成手拉手传递数据，能够适应复杂恶劣的应用环境。

2）路灯控制器

SZ10-R1A-M 路灯控制器是顺舟智能为适应市场需求开发的新型控制器，其内部集成电流与电压计

量电路，可以实时采集路灯控制器的负载工作情况。具体有以下几个特点：

① 支持宽电压供电 AC 110 ~ 277V，50Hz/60Hz。

② 具有电流、电压、功率、频率、电量、运行时间等检测功能。

③ 单路开关单路调光输出功能，PWM 和 0 ~ 10V 可选，最多支持双路开关及调光。

④ 具有过流保护功能，浪涌可达 6kV。

⑤ 工业级工作温度范围：－ 40 ~ 85℃。

Zigbee 无线单灯控制器通过 Zigbee 连接到集中管理器（集中器）上，集中控制器通过 4G 无线方式连接到管理平台上（图 5-12）。

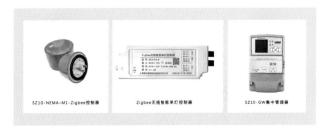

图 5-12　Zigbee 无线单灯控制器和集中管理器（图片来源：上海顺舟智能科技股份有限公司）

集中管理器（集中器）单机支持多达 500 个节点，具有 RS-485 接口，可以与符合《多功能电能表通信协议》（DL/T 645—2007）的电表计量终端进行通信，从中读取电量值。系统具有周期自动抄表机制，在机制启动后，系统能按设定的时间周期自动进行定时抄表，同时系统也允许操作者随时进行手动抄表。远程监控终端本身具有电能计量功能，系统通过采集监控终端的电能计量值，可以计量箱式变压器的三相用电量。

3）智慧照明监控系统

该系统管理平台提供可视化管理功能，界面如图 5-13 所示。

图 5-13　管理平台界面（图片来源：上海顺舟智能科技股份有限公司）

该系统的搭建基于智能监控理念，以"三遥"（遥控、遥测、遥信）功能为关键管理手段，完成照明设施运行控制、状态监测、分析和展示，提供日常所需各种查询、统计、分析功能，实现集中化、智能化、自动化监控管理。

系统提供丰富的开关灯控制手段，既有通过时间控制器、光照控制器、手动控制器等开关灯的独立控制方式，又有通过时间控制器与光照控制器结合、预案控制等开关灯的复杂组合的控制方式。

系统可以根据不同类型的照明控制要求，根据经纬度数据自动计算日出日落时间，调整得出全年开关灯时间。

系统通过远程测量功能来获取照明设施的运行参数信息，除可以遥测控制箱总回路三相电压、三相电流外，还能够采集各分支回路电流、有功功率、无功功率、功率因数等参数。

系统设计自动巡测机制，可按设定的时间周期自动进行巡测，同时也允许监控人员随时进行手动巡测。

系统通过遥信功能可以直接获取照明设施的运行状态，一旦发现某个状态发生异常，会在第一时间将异常信息发送给监控中心。

运行状态数据主要包括以下几种：

① 接触器状态。

② 箱门开关状态（可选，需要配门磁开关）。

③ 分支回路断路。

系统可以对监控设备远程管理，可通过下发参数来调整监控设备的工作状态，以便对路灯设施进行更好的监控和管理。

5.8.4　项目风险效益分析及亮点经验

1）项目风险分析

该项目中多家系统平台共存，造成重复建设和资源浪费，不利于系统平台的整合，同时增加了突发的不可控的情况。每个厂家的设备安装方式及维护都不一样，对施工工艺及安装工人的素养都有一定的要求，额外增加了项目运行的成本风险。

2）项目效益分析

本项目计划改造 18 000 盏老旧的钠灯，项目实际结果：一次节能改造采用 LED 灯具替换原有的老旧钠灯，整体的节能率理论上能达到 50%，二次节能改造在 LED 灯具的基础上通过 Zigbee 的智能无线单灯控制器来进行二次调光节能。与改造前对比，节电率可达 68%，节能效果显著。

3）项目亮点和经验总结

对辖区内 18 000 盏灯具实施节能改造，根据项目现场试验实测结果说明，与改造前对比，节电率可达 68%，节能效果显著。对于周边区域的市政照明 EMC 项目有示范性及带动性左右，并提供了一个完全可以借鉴的范本。

借助于成熟的 Zigbee 无线通信技术，可实现单灯控制器对路灯的远程调光、开关、电参数获取、时间控制器开关灯、光照控制器开关灯等功能。并结合道路照明管理云平台对灯具的运行监控、数据处理、运行预警、运行统计和分析实现精细化管理，节约了维护人员的时间及人工成本，并对比之前老旧的维护模式，在质量上得到了改变，辖区内的市民的照明需求得到了完美提升，据相关市民热线反馈，改造后市民对于道路照明基本无投诉，成果显著。

5.8.5　项目实景

图 5-14 为项目实景。

图 5-14　项目实景（图片来源：上海顺舟智能科技股份有限公司）

5.9　基于 HPLC 连接的智能道路照明控制系统案例

5.9.1　项目介绍

潜山市新建综合杆及灯控项目为新建工程，道路沿线现状为荒地、农田、拆迁区及河道，周边有规划园区。道路东侧为规划河道及绿线。建设工程共有涵洞 3 道。

该项目路段为集交通疏解、集散、绿道、滨河景观于一体的综合交通廊道。分流古城过境交通，承担本地集散交通需求，是与河道同步改造提升、一体打造的景观大道的重点工作。

本项目主要建设内容为道路及其附属工程，并对沿线河道水系及两侧景观进行整治。包括道路工程、排水工程、箱涵工程、交通工程、照明工程、景观工程、河道工程（含跃进闸）等。

5.9.2 需求分析

本项目的目标就是利用宽带电力载波（HPLC）单灯控制器实现最新的道路单灯控制，充分发挥 LED 路灯灯具及 HPLC 控制系统的特点，实现按照时间表策略或经纬度策略分时段调节、照明线路监测、故障推送以及远程集中亮灯控制等功能，在节能省电、解决路灯限电等问题上发挥不可或缺的作用。

5.9.3 项目建设和运营

本项目采用上海三思专利技术模块化陶瓷散热灯具，配合三思宽带电力线载波（PLC）控制器，在智慧化功能布设与应用中预留了综合杆扩展结构并应用了 LED 户外发布屏等作为智慧点缀。灯杆间隔30m，双侧双灯头方式布置，每个灯具搭载上海三思PLC 灯控，全段建设 2 个配电箱等对灯具进行控制，建设平面图如图 5-15 所示。

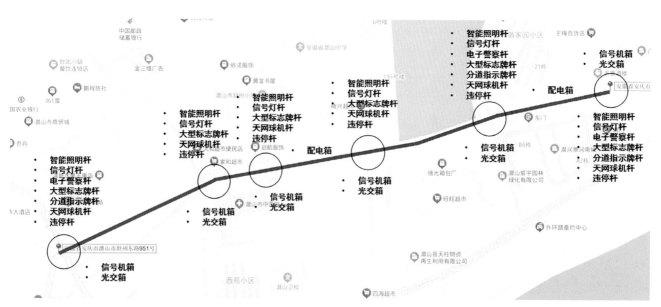

图 5-15 项目建设平面图（图片来源：上海三思电子工程有限公司）

此项目采用三思自主专利的大功率 LED 照明单元，标准模块搭配独特透镜设计，广泛应用于各种类型道路。防护等级高，运行稳定可靠，LED 光源部件模块化便于灯具的规模化生产，安装维修更简便，有效降低了后期维护成本。除了优异的光学、电气性能之外，配合上海三思自主研发的智能控制系统还可实现 LED 道路照明灯的多级调光，远程监控等智能化管理，使道路照明节能最大化。

1）本项目的 LED 灯具特点

① 采用多种不同的光学透镜，满足照度、均匀度标准的同时，提高亮度与均匀度，提供适应不同的道路应用的多种方案选择。

② 采用优质陶瓷散热主体，芯片可直接贴于陶瓷表面，无 PCB，传热快，散热更理想。

③ 采用自对流、蜂窝状、近端散热结构保证最快热传递，确保灯具的寿命，同时大幅减轻灯具的重量。

④ 采用镂空结构，减小风阻，灯具使用安全可靠。

⑤ 模组可现场更换，无须整灯拆卸，且模组与灯体没有任何接线，方便组装与维修。

⑥ 外壳采用优质铝压铸成型，保证安装在灯杆上的强度和安全性，并有助于散热和灯体内部元器件的长效使用，防护等级为 IP66。

⑦ 采用免工具搭扣式设计，能在现场灯杆上进行电源的替换升级工作，节省了维护和升级时间。

⑧ 支持多种智能调光方式，实现二次节能减排。《道路和场地照明设备外部锁定型光控制和镇流器或起动器之间的调光控制》（ANSI C136.41—2013）标准单灯控制器安装接口，旋扣式安装，简单方便。

本项目的照明满足《智慧城市　智慧多功能杆　服务功能与运行管理规范》（GB/T 40994—2021）的要求。

2）本项目的单灯控制器特点

本项目的 HPLC 单灯控制器旨在实现对城市路灯照明控制的自动化与灯杆状态的采集等，提高城市照明的质量和管理水平。灯控具有以下特点：

① 采用道路接线盒式设计方案，壁挂式安装，非常便于维护及检修。

② 上行采用宽带电力载波（HPLC）通信，自组网，2.5MHz ~ 5.7MHz 频率范围，无须额外布线，施工成本低，维护方便。

③ 内置防雷器保护及防雷器状态监测、2 路熔断器。

④ 内置高精度实时时钟（RTC），当与集中控制器通信中断时仍可根据内部时钟持续工作。

⑤ 支持漏电检测及告警。

⑥ 支持灯杆倾斜角度精确检测及告警，现场状态指示：提供多个指示灯，如电源灯、运行（故障）灯、上行灯、下行灯、灯 1 灯、灯 2 灯。

本地预留一路 RS-485 接口，可扩展环境传感器、水浸检测、照度传感器功能。

智能照明系统利用 PLC 单灯控制技术，将对此项目设计范围中的任意一盏路灯进行联网控制和运行状态检测，对每一盏进行实时数据采集、状态显示及自动告警等，提高照明管理系统的管理水平，降低管理维护成本。系统包含实时监测、智能控制、主动告警、智能分析和移动管理五大功能模块。

其中，实时监测需要结合软件系统，灯具监测由安装在灯杆内的单灯控制器完成，监测灯具运行状态，采集灯具运行数据并将实时监测数据传输到控制中心。包括监测每盏灯具亮度、输入输出电压、输入输出电流、功率数据。除此之外，还监测每盏灯具通信状态，设备状态。而智能控制则采用本地和远程控制相结合的方法，根据时间和天气的明暗程度自动控制开关灯。根据天气和四季变化自动调节开关时间，达到按需照明的目的。其控制方式有：自动定时开关全夜灯、半夜灯、功能灯等各种分组，可以根据季节变化和感光控制相结合，实现人性化控制。除此之外，还可以实时手动应急调度控制，特殊情况下提前或推迟开灯。根据不同功能、不同需求实现分组、分区控制，根据需要分为不同功能组，实现群控和组控。

智慧路灯集成物联网关，对下利用宽带电力线载波控制路灯，对上通过光纤实现与监控中心的大数据量传输。对 LED 路灯的策略控制（时间、亮度），灵活控制。精确实时的电量、功率、故障监控。

本项目灯控策略见表 5-7。

表 5-7　照明控制策略

序号	时间点	策略内容	策略基准
方案一	日落	所有路灯开灯，100% 亮度	经纬度
	21：00	所有路灯下降至 80% 亮度	时间表
	23：00	所有主灯保持 80% 亮度，所有副灯下降至 50% 亮度	时间表
	1：00	所有主灯保持 50% 亮度，所有副灯间隔关闭，打开的副灯下降至 50% 亮度	时间表
	日出	所有路灯关闭	经纬度
方案二	日落	所有路灯开灯，100% 亮度	经纬度
	21：00	所有路灯下降至 80% 亮度	时间表
	23：00	所有主灯保持 80% 亮度，所有副灯下降至 50% 亮度	时间表
	1：00	所有路灯间隔关闭，打开的路灯保持 50% 亮度	时间表
	日出	所有路灯关闭	经纬度
方案三	日落	所有路灯开灯，100% 亮度	经纬度
	21：00	所有路灯下降至 80% 亮度	时间表
	23：00	所有主灯保持 80% 亮度，所有副灯下降至 50% 亮度	时间表
	1：00	所有主灯间隔关闭，打开的主灯保持 50% 亮度，所有副灯关闭	时间表
	日出	所有路灯关闭	经纬度

建设模式为政府邀请招标的方式，建成交付后，路灯杆及灯具、灯控移交给当地路灯所统一管理，道路上新建设的红绿灯、电子警察、违停抓拍摄像头移交交警进行管理，公安人脸识别摄像头移交公安部门统一管理。

5.9.4　项目经济效益分析及亮点经验总结

1）经济效益分析

项目采用高发光效率和高显色性的 LED 灯具，使得在保持原有路面照明条件下 LED 路灯功率下降到原有高压钠灯功率的一半，同时通过智能控制，实现了可观的二次节能。本项目 320 套 110W+60W 的 LED 路灯，若没有控制，则每天全亮 12 小时，将消耗 652.8KW·h 电能。但有了智能控制之后，以 6 小时全亮、3 小时 50%、3 小时 25% 来计算，每天消耗 448.8KW·h 电能，若考虑维护系数及等亮度，可节能更多。

2）项目亮点和经验总结

本项目建设了新型智慧灯杆以及运行、管理、维护平台，这套搭载了 PLC 单灯控制器的城市路灯节能管控系统，集终端测控于一体，以灵活多样的亮度模式调节，一目了然的用电统计分析，直击路灯管理痛点，可以降低城市路灯约 60% 的用电量。不仅如此，还能降低照明巡检及故障排查的人员投入，及时响应不同时段及情况的城市路灯的亮灯需求，为当地城市共建共享、节能化建设和精细化管理提供了技术支撑。

5.9.5　项目实景

图 5-16 为项目实景。

图 5-16　项目实景（图片来源：上海三思电子工程有限公司）

5.10　特色智能道路控制系统案例

5.10.1　项目介绍

　　"前导式灯随车动"智慧控光项目展示了"物联网综合灯杆""多杆合一""智慧照明"等前沿技术。除此之外，国内首次将"前导式灯随车动"智慧控光概念落地实施。做到了"车来灯亮，提前点亮"的"智慧化""精细化"节能、减碳、控光、应用的效果。后半夜整体节能率可以达到 80% 以上。

　　项目共有智慧灯杆 165 套，单灯控制器 660 台。全部实现了"前导式灯随车动"的应用效果。

5.10.2　需求分析

　　本项目的目标是在现有二次节能技术的基础上，利用"前导式灯随车动"的智慧控光技术实现道路照明的进一步节能和减排控制。

　　目前，路灯单灯控制产品普遍采用分时段调光的

技术实现"二次节能"，即在车流量较少的时段如凌晨时段，将路上灯具的功率（亮度）调低，以达到节能的效果。这样的控制技术及管理模式看似比较合理，但在车少的时段，灯具依然保持 100% 亮度满功率运行，造成电能浪费，引入调光降功率管理模式可以有效节能。

　　但是这种节能手段存在一定的安全隐患，首先，在节能降功率的时段，路面照度达不到国家标准要求，会对道路用户观察路面及周边环境造成一定影响。其次，夜间虽然路上车少，但是车辆行驶速度普遍较交通高峰时更快，而且相较于前半夜，驾驶员后半夜更容易因疲劳导致注意力、观察力及判断力下降。这就意味着夜间其实更需要有良好的道路照明条件，辅助驾驶员观察周围道路情况，确保安全。简而言之，从安全的角度出发，哪怕路面仅有一辆车，也应该提供

符合国家标准亮度的照明条件。

那么如何在"夜间交通安全"与"降碳减排"之间找到一个平衡点呢？"前导式灯随车动"智慧控光技术就是一个理想的解决方案，有车辆驶来，沿路灯具提前点亮。车辆驶离，灯具进入深度节能模式，降低功耗及亮度。

为了保证道路照明效果，同时兼顾夜间景观提升功能，项目内道路照明设施总能耗较高。但是路段内后半夜车流量偏低，容易造成能源浪费。为了充分提高道路照明设备能效，在车流量较低时段实现更有效的管理节能，需要路灯单灯控制系统在传统的"遥控＋定时控"的基础上实现"传感亮灯"的精准按需照明应用效果。

5.10.3 项目设计、建设和运营

控制系统采用双层网络架构。集中控制器（网关）采用公共移动通信网络（2G、4G、5G）与远程服务器通信；现场单灯控制器通过无线通信方式与集中控制器（网关）通信。引入先进的无线物联网通信技术，不仅提高了通信的可靠性，同时也提高了设备部署的便利性，以及后期功能扩展的灵活性。

管理平台采用最新的物联网技术架构，一套服务器管理平台可以同时在线管理 50 万盏路灯。

同时，系统提供通用 API 接口（支持 HTTP、MQTT 协议），实现无缝对接第三方智慧城市管理平台。实现方便、可靠、安全的平台间数据交互。

图 5-17 展示了"前导式灯随车动"控制模式实现的基本原理。当图中第二盏路灯（顺序由左至右）侦测到运动车辆后，单灯控制器将实时传感信息包括车辆位置、运动方向及速度等即时发送给需要亮灯范围内前方相邻的单灯控制器。

单灯控制器的设备接线原理如图 5-18 所示。单灯控制器根据这些信息，通过"边缘计算"得出车辆前方的即时亮灯数量及亮灯持续时长，然后通过现场无线通信网络，即时发送给前方其他的单灯控制器，从而实现灯具在车前方及时提前点亮的效果。这其中的单灯控制器和车流检测传感器如图 5-19、图 5-20 所示。在系统运行过程中，驾驶员不会察觉到前方环境亮度变化，确保行车安全。与此同时，道路用户经过后，路灯自动恢复节能模式。提前点亮灯具的数量及时长可以由管理平台远程编辑、远程修改。

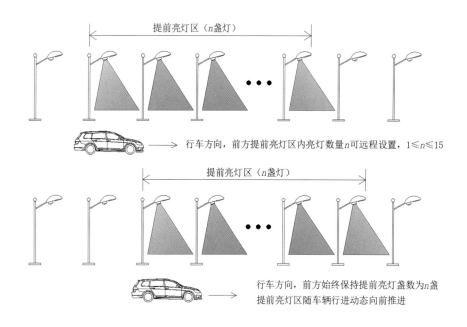

图 5-17 "前导式灯随车动"提前点亮效果示意（图片来源：江苏蓝海物联科技有限公司）

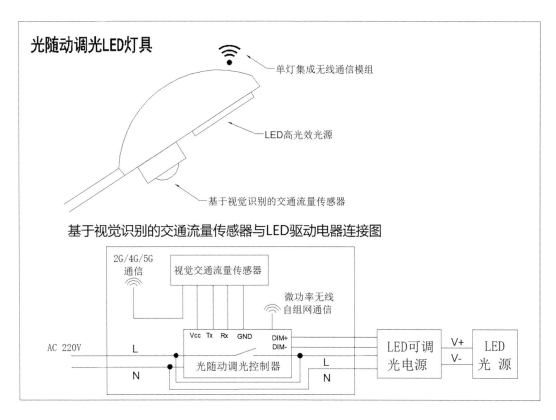

图 5-18　设备接线原理（图片来源：江苏蓝海物联科技有限公司）

图 5-19　外置式单灯控制器（NEMA7 线制接口）和车流检测传感器（图片来源：江苏蓝海物联科技有限公司）

图 5-20　现场车流检测传感器（图片来源：江苏蓝海物联科技有限公司）

5.10.4 项目风险效益分析和亮点经验

1）项目风险

项目风险目前主要是来自上游原材料供应。产品核心功能所需芯片还是采用进口产品为主，芯片价格持续走高而且供货周期增加，导致产品的交付周期变长、成本增加。一定程度上影响了产品的推广速度。此风险目前可通过适当加大原材料备货数量进行解决。同时，项目建设方也在积极测试评估部分国产芯片，争取将核心功能芯片全部或部分替代为国产产品。

2）效益分析

（1）节能率计算

计算时间背景设定在后半夜车流量极低的路段，平均车速 60 km/h（约 17m/s），5 小时车辆经过数量假设为 100 辆，系统设置路灯运行功率降为 10%，系统设置车辆经过时提前亮灯数量 5 盏（相当于提前亮灯距离 175 m，灯杆间距 35 m），系统设置每次触发亮灯时长 5 s。则每辆车经过后，亮灯持续时长约为 15 s，（车辆距离某一盏路灯 175 m 时，该灯第一次触发全亮，其后随着车辆行进，被连续触发 5 次，每次触发重新计时点亮时长 5 s，最后一次触发为车辆行驶到该路灯下方，最后一次重新计时点亮时长 5 s，加上车辆行驶 175 m 所需约 10 s，每盏灯每车经过时累计亮灯时长约为 15 s），100 辆车累计亮灯 1500 s，即 25min。而 25min 在 5h 的时间段里仅占 8.3%，则后半夜实际用电量为满功率运行的 17.47%（100% × 8.3%+10% × 91.7%=17.47%），节能率为 82.53%。

（2）节能减排效益计算

按照 1000 盏额定功率为 200W 的 LED 路灯做分析计算：每天后半夜运行 5 小时，每天每盏灯可以节约电能 0.8 kW·h 以上。1000 盏灯 1 年可节约电能 292000 kW·h 以上，减少二氧化碳排放 254 t。

每年节能减排社会效益综合计算见表 5-8。

表 5-8 节能减排效益

每年节能社会效益	每年节电量（kW·h）	减排系数	每年节省		每年减排			
			标准煤（t）	纯净水（t）	二氧化碳 CO_2（t）	二氧化硫 SO_2（t）	氮氧化物 NO_x（t）	悬浮粒子 TSP（t）
			kg/(kW·h)	kg/(kW·h)	kg/(kW·h)	kg/(kW·h)	kg/(kW·h)	kg/(kW·h)
	292000		0.35	4	0.87	0.0263	0.0131	0.00335
	节能减排量		102.2	1168	254	7.68	3.825	0.978

（3）项目的亮点

① 提出并实现了"单灯传感＋通信点亮"的"前导式灯随车动"路灯深度节能控制模式，可以实现 LED 灯具节能基础上的三次深度节能。

② 基于图像识别的车流检测传感技术，采用自主研发的"超简洁 AI 图像识别算法"，仅用低功耗、低成本的 32 位单片机就可以实现道路车辆的实时有效识别。使高精度车流检测装置的单灯集成变成可能。

③ 自主研发的高实时性单灯无线边缘通信技术可以实现通信单元之间"亚秒级"实时信息交互，做到"单灯传感＋通信点亮"的提前亮灯效果，保证不同车速下，提前亮灯区范围的灵活设置。

④ 首次将"边缘计算"＋"边缘通信"的概念应用到了道路照明智能控制领域，极大地提升了道路照明设备的智能化程度和能源利用效率。

（4）项目获得的经验

根据此次几百盏路灯安装和应用中所获得的经验，在以下几个方面做了新的改进：

① 将单灯车流检测传感器采集的实时交通流量数据通过"灯联网"平台进行采集和统计，为后期交通流量数据的合理利用打下了基础。

② 在单灯车流检测传感器出现故障时，系统具备上报功能，同时可以控制对应灯具结束节能运行模式，保证现场照明安全。

③ 针对单灯车流检测传感器的安装方式做了优化，最大限度地方便各种路灯结构的安装和集成。

④ 进一步优化传感器的识别算法，在有效识别车辆的基础上，目前已经可以准确识别包括行人、非机动车在内的各种道路移动目标，大幅度提升产品的应用范围。

⑤ 传感器算法中增加了速度识别功能，可以根据不同移动目标的实时速度，实时确定前方亮灯数量（亮灯距离）。即快速移动目标提前亮灯距离加长，慢速移动目标提前亮灯距离变短，将"智慧控光"＋"深度节能"的精细化程度进一步提高。

5.10.5　项目实景

图 5-21 为项目实景。

图 5-21　项目实景（图片来源：江苏蓝海物联科技有限公司）

第6章
智慧城区智慧灯杆
经典案例分析

6.1 智慧城区中的智慧灯杆需求分析

城区道路通达城市各地区，供城市内交通运输及行人使用，便于居民生活、工作以及文化娱乐活动，并与市外道路连接，担负着对外交通。随着物联网和智能控制技术的飞速发展，城区道路智慧化建设也在稳步有序地推进，成为智慧城区建设的重要组成部分。

智慧城区中的智慧化设施大多以道路杆体为载体。智慧灯杆作为智慧城市的重要基础设施，具备分布范围广、安装密集、可统一调控的特性，为市民提供道路照明等功能。随着技术的发展，为满足城市运行、管理和公共服务的需求，智慧灯杆表现出了强大的集成性，可以集照明、通信、安防等设备于灯杆中。由普通照明灯杆发展而来的智慧灯杆是智慧城市理念下的新产品，被赋予了新的任务和角色。除了通过智慧化控制使道路照明更智能和更节能外，智慧路灯已成为促进人们生活和城市数字化转型的积极因素。通过将灯杆与各类交通设施杆体、智慧化设备进行整合，不仅可以节约城区空间，美化城区道路环境，还可以提供 5G 网络、充电等民生服务，显示天气、路况、广告等信息，甚至可以一键告警，实时监控路边事故。通过灯杆集成车路协同路侧设备的方法，可以助力智慧交通、无人驾驶技术的发展。

6.1.1 城区智慧灯杆的应用

1）整合城市交通设施

智慧灯杆可以解决路灯杆、交通信号杆、监控杆、标志杆、电线杆等杆体林立，以及不同杆体单独施工造成的资源浪费、管理分散等问题。除此之外，智慧灯杆还是智慧交通的主要载体。

2）搭载感知及发布基础设施

智慧灯杆可对城市环境、路况信息、公共安全事件等进行数据收集、计算、分析，进而实现智慧化控制。比如，可根据车流量自动调节亮度、远程照明控制、

故障主动告警、线缆防盗、远程抄表等。智慧灯杆可搭载各类传感器和感知设施，推广智慧交通、智能安防等应用。搭载信息发布设备，进行信息发布及城市智慧运营，推动城市管理的数字化转型。

3）搭载 5G 微基站作 5G 网络覆盖

5G 基站由于电磁波频率高，导致传输距离短，一般覆盖范围是 100 ~ 250 m（不同运营商的 5G 基站的覆盖范围因产品型号不同而产生差异）。此外，5G 基站个体收发器体积小，需要安装在比较密集的建筑及固定公共设施上，而灯杆就具备相应的距离和覆盖条件，5G 网络的传输距离较短，需密集分布，智慧灯杆显然就是最佳承载点，5G 智慧杆将减少城市杆体的重复建设，避免管理混乱，可完善城市基础设施建设。

4）助力车路协同技术的发展

交通运输部从 2016 年开始推进车路协同建设。随着车辆的智能化和网联化，车路协同技术对路侧设备的互联需求越来越大，完全依赖车辆实现自动驾驶存在很大难度，自动驾驶一部分依赖智能车本身，另一部分需要通过路侧的感知数据提供辅助，这也有利于降低对车端大算力的要求，减轻远端计算和传输延时的影响。杆载感知设备采集道路高精度实时动态信息，通过边缘计算节点实现多维融合，并将路侧信息通过 RSU 向道路车辆车载单元实时推送，支撑未来车路协同相关应用实践。

由此可见，智慧灯杆作为新型基础设施的代表之一，是多功能的环境检测与交互系统，承载着智慧交通、5G 建设、车路协同等先进技术应用的发展。随着以物联网、大数据、5G、人工智能等为代表的新一代信息技术与交通的融合和深入应用，新一代智慧灯杆具备资源整合、智能照明、智能交通、信息发布、

城市广播、网络覆盖等功能，为城市交通和运行管理带来颠覆性创新。此外智慧路灯对交通方面的信息收集也更精确，通过智慧灯杆的智能摄像头，可以实现对城市道路中人、车、物等要素的实时准确感知和数据采集，以及对交通信号灯状态、车辆密度、道路行人等要素的跟踪。大数据及 AI 识别技术对采集到的海量信息进行分析处理，可为交通管理部门的管理实现智能响应和智能决策支持。

6.1.2　城区智慧灯杆的发展模式

目前智慧路灯仍处在产业发展初期，以政府项目建设为主要推动力，国内城区智慧灯杆的发展模式目前有三种。

1）综合杆模式

上海市为贯彻落实创新、协调、绿色、开放、共享的发展理念，加强城市精细化管理，规范道路杆件及相关设施设置，切实改善市容市貌，将照明杆作为各类杆件的主要载体进行归并整合，按照多杆合一、多箱合一、多头合一的原则对各类城区道路杆件（包括道路照明杆、交通标志标牌杆、信号灯杆、监控杆、路名牌杆、公共服务设施指示标志牌杆、电车杆、公交站牌杆、停车诱导指示牌等杆件）、机箱（包括治安监控、智能卡口、道路交通可变信息标志、交通检测、电子警察、道路监控、流量检测、光缆交接和无线通信等设施等配套机箱）、配套管线、电力和监控设施进行集约化设置，实现共建共享、互联互通。

2）智慧设备融合杆模式

深圳市建设集智能照明、视频采集、移动通信、交通管理、环境监测、气象监测、无线电监测、应急求助、信息交互等诸多功能于一体的复合型公共基础设施，利用多功能智能杆的一体化集成设计加载不同的信息化设备及配件，实现信息之间的互联互通。深圳模式的智慧灯杆以建设智慧化功能为主要特征，智慧灯杆的总体架构包括：基础设施层、接入感知层、传输层、平台层、应用层。挂载设备支持各类应用功能，如照明、灯控设备、视频采集设备、基站设备、环境气象监测设备、无线电监测设备、信息发布设备、交通标志和一键呼叫设备等。

3）混合模式

由于受各地城市建设规划、政府资金规划等影响，国内大部分城市建设智慧灯杆并非可以像以上两种一线城市模式一样开展工作，而是以某个片区为切入点，以某一条或几条路作为试点进行智慧灯杆的建设。此种模式下智慧灯杆的建设结合了以上两种建设模式，以智能照明为主要建设内容，在主、次干道的路口进行交通设施杆件（交通信号灯杆、监控杆、道路标志牌杆等）的整合，在路口或者具有代表性的道路节点进行智慧功能的建设，例如加载 LED 显示屏、户外广播、环境传感器等智慧化设备。

然而，目前智慧城区中智慧灯杆的建设和发展还存在一些不足，尚不能完全满足智慧城市和数字经济快速发展的需要。作为城区道路信息化载体的杆体缺乏统一规划，从而导致设备共用与数据整合不足，由于政府部门职能分割导致道路两侧杆体林立，各类检测设备重复占用空间资源，凌乱的布设影响城区道路景观。此外，目前很多城区道路普遍存在人员编制不足、巡查力量薄弱，在道路监管工作中，智慧监管空白，智能化监管手段匮乏。而且随着智慧化建设进程的加快，道路与车辆的智能化发展水平出现失衡现象，道路基础设施难以支撑车路协同、智能检测等方面的交互。

本章将用 5 个案例的详解与 5 个案例集锦来介绍智慧灯杆在智慧城区道路场景中的应用。

6.2 上海市进博会周边综合杆项目

6.2.1 项目概述

为了成功举办中国国际进口博览会（以下简称"进博会"），保证周边道路交通安全，上海市住房和城乡建设管理委员会根据《上海市道路合杆整治技术导则》做了统一规划和部署，上海三思根据市建委规划对进博会园区附近的主要道路进行了"多杆合一"的整治工作。周边四条道路共建设综合杆 500 多套、LED 陶瓷模块化灯具 1000 余套。除此之外，为营造良好的交通秩序，减少道路拥堵，此次进博会还引入了三思创新科技 LED 产品，即多功能诱导屏共计46 块。这些诱导屏和灯具是上海三思在应用于港珠澳大桥 LED 照明和 LED 显示屏产品的基础上再次进行技术创新和提升的。通过这些创新科技产品和技术，全面助力进博会，保障道路交通安全畅通。

6.2.2 需求分析

根据现状调研和问题分析发现上海市进博会周边道路设施存在缺乏统一规划、统一设置、规范协调等问题，道路设施凌乱，影响城市市容市貌。本项目通过合杆整治，建设杆件减量、功能集约、布设合理、设置规范的道路杆件与机箱设施，实现智慧灯杆与城市风貌和周边环境相协调的景观，打造有序、安全、干净、美观的高品质展会环境，保障展会期间及今后的展会周边道路交通设施安全运行，提升城市精细化管理水平。

1）合杆建设需求

本项目的建设要求对杆件进行整合、功能集约。在综合考虑各类杆件布设要求的前提下，尽量整合道路照明、交通标志牌、信号灯、监控、路名牌、公共服务设施指示标识牌等。在满足业务功能要求和结构安全的前提下，各类杆件按照"能合则合"的原则进

行合杆。实现道路立杆数量的"减量化"，消除杆件林立现象。

需要统筹杆件的布设，确保综合杆上搭载的设施满足功能需求。

需要规范杆件的设置，按照《上海市道路合杆整治技术导则》的要求，对杆件进行集约化设置，使杆件共建共享，互联互通。合理设计综合杆件，满足道路设施的搭载需求。杆体合理预留一定的荷载、接口和管孔等，满足未来使用需要。杆体采用新材料、新工艺和新技术，减少综合杆杆径和箱体体积，提高设施的安全性及安装、维护和管理的便捷性。并对综合杆内线路的智能化和集成化进行统一设计、分仓设计、分开走线。

2）合箱建设需求

合箱整治要求对机箱进行整合、功能集约。在综合考虑各类机箱要求的前提下整合的机箱包括：治安监控、智能卡口、道路交通可变信息标志、交通监控、电子警察、道路监控、流量监测、光缆交接和无线通信等设施的配套机箱。将同功能和关联箱体整合，对功能相近或相似的箱体能整合的必须整合，能合并的必须合并，严控道路箱体设置类别、规模与数量，实现推动箱体减量化设置。统筹机箱的布设，实现道路箱体进场所、进绿化，确保道路设施带内规范有序设置，规范机箱的设置，箱体根据设备管理需求，采用分仓设计，机箱内的每个仓位有接地、管道和安装支架等，坚持预留合理，设计考虑长远功能需求原则，合箱设施设备也使用了尽可能小型化的设备。统一道路箱体设置标准，坚持整体设计原则，根据人行道宽度和周边环境规范箱体尺寸颜色。实现进博园周边道路箱体与周边景观风格一致。

3）杆上设施整合需求

综合杆上可搭载的治安监控、智能交通等各类设施以及指示、禁令、警告、作业区、辅助、告示、旅游区标志等各种标牌，实现小型化、减量化，非必要标志标牌核减。各类杆上设施均满足行业标准、功能要求和安全性，保障道路交通运行的安全，并按照优化整合后的要求对杆上的设备设施进行迁移。

6.2.3　项目设计

1）总体原则

为推进道路杆件及相关设施的集约化建设和规范化设置，以构建和谐有序的进博园区道路空间，塑造城市景观风貌为目的，遵循能合则合的原则，以道路照明灯杆作为各类杆件归并整合的主要载体。按照多杆合一、多箱合一和多头合一的要求，对各类杆件、

机箱、配套管线、电力和监控设施等进行集约化设置，实现共建共享，互联互通。

综合杆的布设遵循点位控制、整体布局、功能齐全、景观协调的设计理念，按照先路口布设区域，再路段布设区域的顺序整体设计。以设置要求严格的市政设施点位（如交通信号灯和电子警察等）为控制点，将要求整合的其他杆件设施移至控制点进行合杆，同时调整上下游杆件间距，进行整体布局。

2）杆体设计

本项目综合杆根据主要搭载的设施共分为 7 类。

（1）A 类合杆

主要搭载机动车信号灯。杆体和挑臂预留接口，其他设施可根据需要搭载（图 6-1）。

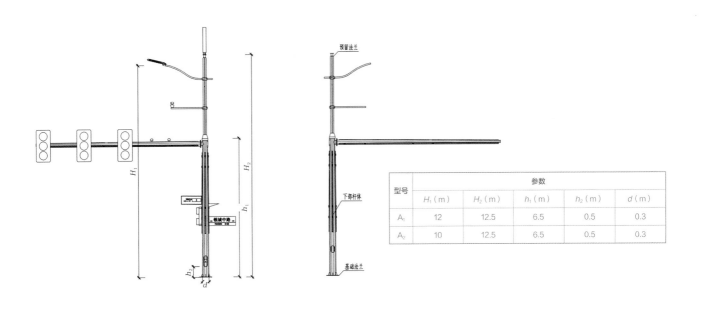

型号	参数				
	H_1（m）	H_2（m）	h_1（m）	h_2（m）	d（m）
A_1	12	12.5	6.5	0.5	0.3
A_2	10	12.5	6.5	0.5	0.3

A类合杆示意图（加载设备）　　　　A类合杆示意图（无设备）

图 6-1　A 类合杆示意图（图片来源：上海市道路合杆整治技术导则）

（2）B类合杆

主要搭载视频监控、小型标志牌。杆体和挑臂预留接口，其他设施可根据需要搭载（图6-2）。

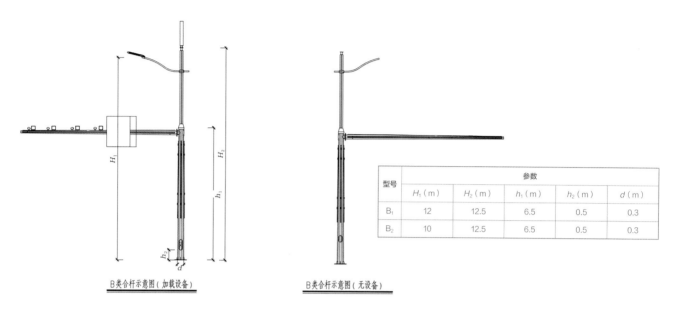

型号	参数				
	H_1（m）	H_2（m）	h_1（m）	h_2（m）	d（m）
B_1	12	12.5	6.5	0.5	0.3
B_2	10	12.5	6.5	0.5	0.3

B类合杆示意图（加载设备）　　B类合杆示意图（无设备）

图6-2 B类合杆示意图（图片来源：上海市道路合杆整治技术导则）

（3）C类合杆

主要搭载分道指示牌、小型标志牌。杆体和挑臂预留接口，其他设施可根据需要搭载（图6-3）。

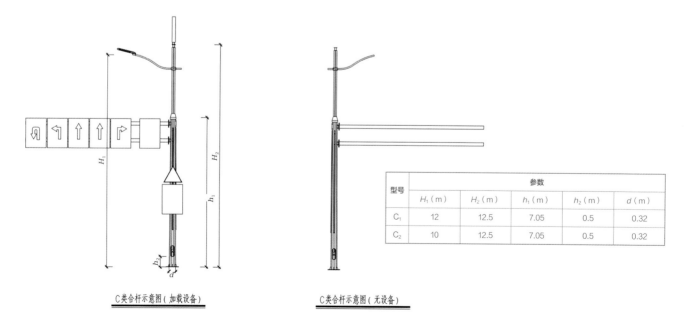

型号	参数				
	H_1（m）	H_2（m）	h_1（m）	h_2（m）	d（m）
C_1	12	12.5	7.05	0.5	0.32
C_2	10	12.5	7.05	0.5	0.32

C类合杆示意图（加载设备）　　C类合杆示意图（无设备）

图6-3 C类合杆示意图（图片来源：上海市道路合杆整治技术导则）

（4）D 类合杆

主要搭载大中型指路标志牌。杆体和挑臂预留接口，其他设施可根据需要搭载（图 6-4）。

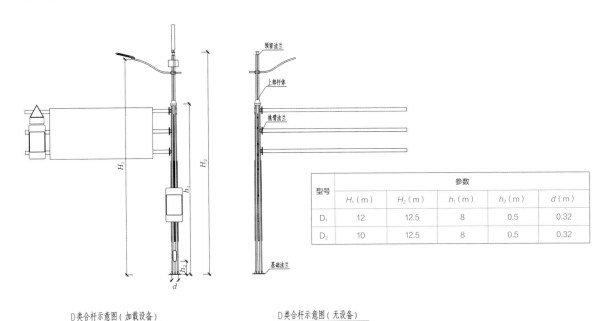

图 6-4　D 类合杆示意图（图片来源：上海市道路合杆整治技术导则）

型号	参数				
	H_1（m）	H_2（m）	h_1（m）	h_2（m）	d（m）
D_1	12	12.5	8	0.5	0.32
D_2	10	12.5	8	0.5	0.32

（5）E 类合杆

主要搭载小型指路标志牌。杆体和挑臂预留接口，其他设施可根据需要搭载（图 6-5）。

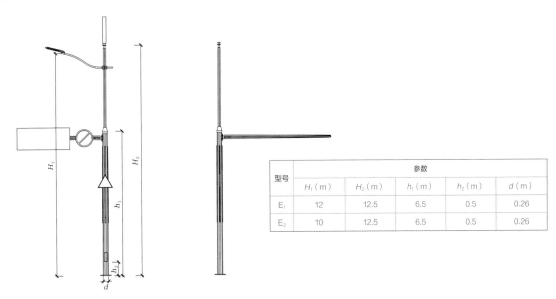

型号	参数				
	H_1（m）	H_2（m）	h_1（m）	h_2（m）	d（m）
E_1	12	12.5	6.5	0.5	0.26
E_2	10	12.5	6.5	0.5	0.26

图 6-5　E 类合杆示意图（图片来源：上海市道路合杆整治技术导则）

（6）F 类合杆

主要搭载道路照明设备。杆体和挑臂预留接口，其他设施可根据需要搭载（图6-6）。

（8）多光源杆合杆

主要搭载多光源路灯。杆体和挑臂预留接口，其他设施可根据需要搭载（图6-8）。

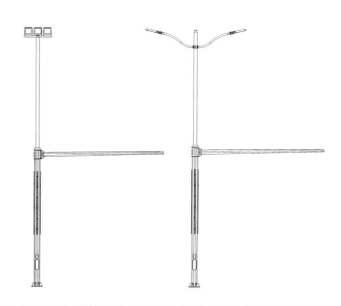

图6-8 多光源杆合杆示意图（图片来源：上海市道路合杆整治技术导则）

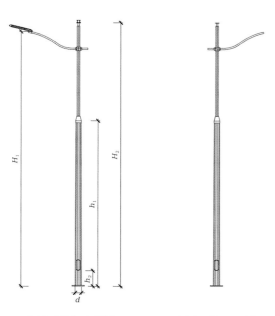

F类合杆示意图 (加载设备)　　　F类合杆示意图 (无设备)

型号	参数				
	H_1 (m)	H_2 (m)	h_1 (m)	h_2 (m)	d (m)
F_1	12	12.5	6.5	0.5	0.22
F_2	10	12.5	6.5	0.5	0.22

图6-6 F 类合杆示意图（图片来源：上海市道路合杆整治技术导则）

根据各点位杆型的设备搭载情况，通过灯杆强度计算，验证灯杆满足承载能力极限状态下的整体强度设计要求。

3）杆体整合设计

本项目优先整合道路照明、交通标志牌、信号灯、监控、路名牌、公共服务设施指示标识牌等。

在满足业务功能要求和结构安全的前提下，各类杆件按照"能合则合"的原则进行合杆。环境监测、扬尘监测、通信设备以及公厕指示牌等设施应利用综合杆设置（表6-1）。

（7）微型杆

主要搭载人型信号灯、小型交通标志等（图6-7）。

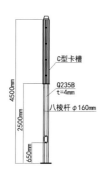

图6-7 微型杆示意图（图片来源：上海市道路合杆整治技术导则）

表 6-1 常规设施合杆

序号	杆件名称	合杆设施
1	道路照明灯杆	道路照明
2	交通标志标牌杆	指路标志
		分道指示标志
		指示、禁令、警告、作业区、辅助、告示、旅游区标志
3	信号灯杆	机动车、非机动车、行人信号灯
4	监控杆	交通、治安监控
5	路名牌杆	路名牌
6	公共服务设施指示标志牌杆	车站、公交站指示牌等

6.2.4 项目建设与运营管理

项目建设过程中各方配合,为项目的顺利实施提供了保障。市政府办公厅建立联席工作会议制度,联席会议下设推进办公室并实体化运作,统筹引导市区两级多部门推进工作。上海市住房和城乡建设管理委员会是其中的统筹机构,杆体、灯具、管线、基建施工部分由上海市住房和城乡建设管理委员会等部门牵头建设、运维和管理,杆体上各类设备由各使用部门建设、运维和管理。上海市城市综合管理事务中心统一负责中心城区现有道路上的合杆整治工作。

本工程参考上海市综合杆运行维护机制,确定相关单位的管理职责和管理界面,保障本工程建设的杆箱基础设施及所服务权属单位的设施正常运行。

1)路口进口区域应布设的综合杆

① 停止线前,靠近人行横道线处应布设 A 类综合杆,搭载照明和交通信号灯、路名牌、导向牌和监控等设施。

② 停止线往后 25 ~ 30m 处应布设 B 类综合杆,搭载照明和监控等。

③ 在 B 类综合杆后 2 个道路照明灯杆间隔处应布设 C 类综合杆,搭载照明和分道指示牌等。

④ 在 B 类综合杆后 3 个道路照明灯杆间距处布设 D 类综合杆,搭载照明和大中型指路牌等。

⑤ 停止线前,靠近人行横道线处布设微型杆,搭载人行信号灯、小型交通标志。

2)路口出口区域应布设的综合杆

① 路缘带切点前,靠近人行横道线处应布设 A 类综合杆,搭载照明和交通信号灯、路名牌、导向牌和监控等。

② 机非分隔带安装在隔离带内缘头后 2m(隔离带宽度较小时,在人行道安装)。

③ 沿道路纵向应根据实际需求布设 E 类综合杆,搭载小型指路牌、小型交通指示牌、公共服务设施指示标志牌、监控设备、环境监测设备和通信设备等设施。

以某路路口为例,布设如图 6-9 所示,其中综合杆配置汇总见表 6-2*。

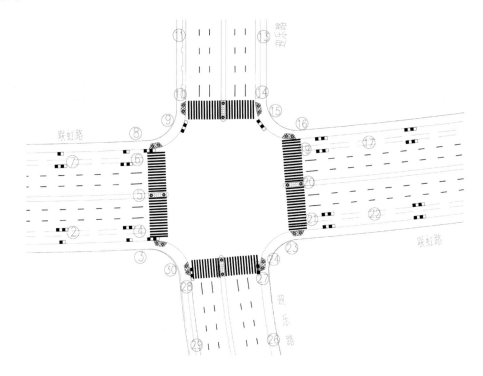

图6-9 多功能杆布点示意图（图片来源：上海三思电子工程有限公司）

表6-2　综合杆配置汇总

综合杆编号	综合杆类型	布设位置	合杆杆件编号	杆上设施	预留情况
2	D 类	北进口道机非隔离带第二根杆	LD202、BZ202	照明 ×2，车道指示牌	预留电子警察挑臂
3	微型	北进口道人行道（人行横道外沿线延长线）	BZ12、XH11	行人灯、路名牌	杆体预留安装结构
4	E 类	北进口道机非隔离带第一根杆	LD01、BZ13	照明 ×2，禁止驶入标志牌	杆体预留安装结构
5	微型	北进口道中央分隔带第一根杆	XH13、BZ13	行人灯 ×2，机动车行驶方向标志	杆体预留安装结构
6	A 类	北出口道机非隔离带第一根杆	LD02、XH12、BZ14	照明 ×2，信号灯 ×3，限速标志牌、禁危险品车辆标志牌、车道指示牌 ×2	杆体、挑臂预留安装结构
7	B 类	北出口道机非隔离带第二根杆	JK201，LD201	照明 ×2，监控	杆体预留安装结构
8	微型	北出口道人行道（人行横道外沿线延长线）	BZ16、XH14	行人灯、路名牌	杆体预留安装结构
9	E 类	东进口道人行道（人行横道外沿线延长线）	XH01、BZ01	照明 ×2，行人灯，路名牌	杆体预留安装结构
10	E 类	东进口道机非隔离带第一根杆	无	照明	杆体预留安装结构
11	B 类	东进口道机非隔离带第二根杆	LD03、BZ201	照明、拖拉机行驶方向指示牌、危险品车行驶方向指示牌、教练车行驶方向指示牌	预留电子警察挑臂
13	B 类	东出口道机非隔离带第二根杆	LD04、JK01	照明、监控	杆体、挑臂预留安装结构
14	A 类	东出口道机非隔离带第一根杆	BZ02、XH02、JK02	信号灯 ×4，限速牌、监控、车道指示牌 ×2	杆体、挑臂预留安装结构
15	微型	东出口道人行道（人行横道外沿线延长线）	BZ03、XH03	行人灯、路名牌	杆体预留安装结构
16	微型	南进口道人行道（人行横道外沿线延长线）	BZ04、XH04	行人灯、路名牌	杆体预留安装结构

综合杆编号	综合杆类型	布设位置	合杆杆件编号	杆上设施	预留情况
17	B 类	南进口道机非隔离带第二根杆	LD2139	照明	预留电子警察挑臂
19	E 类	南进口道机非隔离带第一根杆	LD2140、BZ05、XH06	照明 ×2，禁止驶入标志牌、教练车行驶方向标志牌（反向）（XH06）	杆体预留安装结构
20	微型	南进口道中央分隔带第一根杆	XH05、BZ05	行人灯 ×2，机动车行驶方向标志	杆体预留安装结构
21	A 类	南出口道机非隔离带第一根杆	LD3141、BZ06、XH06	照明 ×2，信号灯 ×3，限速标志牌、车道指示牌 ×2	杆体、挑臂预留安装结构
22	B 类	南出口道机非隔离带第二根杆	LD3140、JK04	照明 ×2，监控	杆体、挑臂预留安装结构
23	微型	南出口道人行道（人行横道外沿线延长线）	BZ07、XH07	行人灯、路名牌	杆体预留安装结构
24	微型	西进口道人行道（人行横道外沿线延长线）	BZ08、XH08	行人灯、路名牌	杆体预留安装结构
26	B 类	西进口道机非隔离带第二根杆	LD05	照明，旅游区指示牌	预留电子警察挑臂
27	E 类	西进口道机非隔离带第一根杆	XH09	照明，危险品车辆行驶方向指示牌	杆体预留安装结构
28	A 类	西出口道机非隔离带第一根杆	BZ09、LD06、XH09	信号灯 ×4，限速牌，禁教练车标志牌，禁拖拉机标志牌，桥梁限重牌，车道指示牌 ×2	杆体、挑臂预留安装结构
29	B 类	西出口道机非隔离带第二根杆	LD06	照明、监控	杆体、挑臂预留安装结构
30	B 类	西出口道人行道（人行横道外沿线延长线）	XH10、BZ11	照明 ×2，行人灯，路名牌	杆体预留安装结构

* 注：图 6- 9 与表 6- 2 中的编号是相互对应的，由于项目过程中存在删减，所以图与表中的编号并不连续。

6.2.5 项目风险和效益分析

1）项目风险

根据本项目的实际实施情况，外部风险主要考虑自然条件风险及其控制。自然条件风险主要考虑上海地区所处的气象、气候环境所带来的风险。即重点考虑上海地区极端高温、极端低温、最大风力、相对湿度、降水、雷电等自然条件对工程实施的影响，并根据风险产生的特点及危害制定应对措施。在风险发生时，及时采取措施以控制风险的影响，是降低损失、防范风险最有效的办法。在风险状态下，也必须保证工程的顺利实施。如迅速恢复生产，按原计划保证完成预定的目标，防止工程中断和成本超支，唯有如此才能有机会对已发生和还可能发生的风险进行良好的控制，并争取获得风险的赔偿，如向保险单位、风险责任者提出索赔，以尽可能地减少风险的损失。

在施工过程中严格安全生产管理。风险失控是发生重大事故的根源。本项目实施中严格按照"管生产必须管安全"的原则明确要求施工现场项目经理在日常监督管理中，除了对照国家颁布的标准规范检查发现事故隐患及时督促整改外，还应根据施工现场不断变化的作业环境和管理状况，针对有可能发生事故的作业程序和操作方法及早提出和落实事故预防措施，消除或降低事故风险。施工现场人员必须学习、掌握"风险控制"的方法，加强作业人员风险防范及安全教育。力争把风险控制措施首先落实在施工方案、安全交底、安全教育之中。

对于一些无法排除的风险，可以通过购买保险的办法解决。提出合理的风险保证金，这是从财务的角度为风险做准备，在报价中增加一笔不可预见的风险费，以抵消或减少风险发生时的损失。

2）效益分析

（1）经济效益

本项目是非营利项目，其经济效益主要体现在行业、产业发展带动效应和创造出的间接经济效益。具体体现在以下两个方面：

① 促进设施共建共享，节约建设成本。通过本项目的实施创造性地建设综合杆，实现道路设施共建共享、资源整合利用，打破目前道路设施独立建设、独立管理的模式，提高杆件、箱体空间利用率，减少杆件、机箱建设资金的投入，避免重复建设和资源浪费，节约建设成本，有利于提升城市道路设施建设和维护效率。通过道路设施的统一规划和建设设置为用户设施预留安装接口的综合杆和综合箱，避免引起道路反复开挖和造成道路拥堵、扬尘与噪声等不良影响，同时也极大地减少了道路设施对城市公共空间资源占用，提升道路资源利用率，实现节约、集约城市公共空间等经济效益。

② 提升管理效能，降低管理成本。通过本项目的实施，节约行业管理成本。城市道路设施涉及诸多管理部门，存在管理分散的情况。本项目通过优化资源配置，综合提升管理效能，节约管理人力物力，解决各管理部门信息不对称问题，提高了管理部门的整体工作效率，降低成本。

（2）社会效益

本项目的实施将创建绿色畅通环保的交通环境，同时提升管理部门的管理与服务水平，体现管理部门为民服务、关注民生、改善民生的管理理念。项目成果将促进"美丽上海"建设，实现将上海建设成为"绿色、人文、集约"的生态宜居城市的美好蓝图。其社会效益分析如下：

① 提升市民群众的获得感和满意度，提升城市宜居水平。通过本项目的实施创造更加美好、舒适、安全的交通环境，打造高品质宜居型城市，节约出行时间，增强出行安全。让市民群众享受更为环保绿色的生活，提升市民群众的获得感和满意度。

② 提高道路设施管理部门的管理效能，提升精细化管理水平。本项目通过集约化建设手段，有力地推动管理部门从粗放式管理向精细化管理转型。项目的实施促进道路设施统一建设、协作管理，实现资源共享，避免重复工作，提高工作效率，降低管理成本、提高管理效能，最终更直接、更准确、更全面地服务于交通参与者。

③ 推动设施管理实现现代化，促进社会经济可持续发展。本项目有利于上海市道路设施管理的科学化、现代化建设，促进可持续发展。道路交通将社会生产、分配、交换与消费各个环节有机地联系起来，是现代经济社会赖以运行和发展的基础，也是交通出行者、交通参与者从事各项社会活动得以正常进行的前提和保障。本项目以实现"有序、安全、干净、美观"的交通环境为目标，有利于区域经济发展、对外开放扩展、人民生活水平提高，促进上海经济发展，提高交通现代化水平，促进交通可持续发展。

6.2.6 项目经验总结

本项目在建设之初就存在项目周期短、灯杆种类和数量繁多的情况。在充分了解项目情况并仔细规划了每个节点后，协调道路设施相关单位进行对接，从而确保整个项目在短期内顺利交付。在杆件整合的过程中要深入现场勘察了解每一个点位的实际情况，此项目可借鉴的经验就是一定要充分尊重各类设备的技术要求，在符合政府规划的政策指引下，积极和相关单位作对接，做好信息拉齐，保证各项设备能够方便、高效地服务于各专业技术单位，并做好建设时期的每个里程碑规划，确保每个环节能准确高效地实施，且要为各单位的管理和维护提供可行性保障。只有考虑周全，才能顺利推进每个环节，确保项目能够按时保质保量地完成。

6.2.7　项目实景

图 6-10、图 6-11 为项目实景。

图 6-10　现场实景角度一（图片来源：上海三思电子工程有限公司）

图 6-11　现场实景角度二（图片来源：上海三思电子工程有限公司）

6.3　深圳市深盐路智慧灯杆项目

6.3.1　项目概述

深盐路景观提升项目西起梧桐山隧道口，东至北山道，全长 6.9km。整体工程秉承"以人为本，提升慢行"的设计理念，将深盐路过境交通功能干道的定位转为城市生活性干道。项目依据深圳智慧灯杆建设模式进行开展，建设内容包括智能照明、交通优化、慢行系统改造、过街设施完善、道路绿化提升、街道家具及灯光夜景等，以改善城市环境，更好地丰富沿线公共空间的悠游体验。作为"三横六纵"慢行交通系统的"融城"一横，盐田区在深盐路景观提升过程中，坚持在内涵和品质上下功夫，通过道路综合改造，更好地打造城市街景，塑造景观亮点，不断提升群众的获得感、幸福感、安全感。深盐路整体提升改造项目于 2020 年 8 月 28 日开工，2021 年 1 月 28 日，项目正式完工，完美实现了景观大道与盐田区半山公园带、滨海休闲带的有机结合，形成独具盐田特色的"生态翡翠项链"，既成为盐田的新生态旅游名片，又成为盐田再出发、改善营商环境、提升城市竞争力的重要机遇和抓手。项目在同年 4 月 12 日顺利通过深圳市交通运输局行动专家组现场验收，并被评为深圳市道路设施品质提升行动优秀项目。

6.3.2　需求分析

通过集照明、视频监控、电子警察、交通诱导屏、信号灯、路牌标识、智慧城市设备接口预留于一体的智慧灯杆建设包括但不限于智能照明、交通治理、慢行系统改造、过街设施完善等功能场景，局部取消中央绿化带，拓宽两侧慢行空间，新增 5 处平面过街（其中新增 3 处红绿灯路口），结合智能交通建设，城区段沿线布设智慧灯杆共 300 套，在满足基本照明功能的同时，为智慧交通、公共安全监控、网络互连互通（5G）、绿色减排、信息发布等提供基础设施条件，提升道路绿化景观，打造智慧交通示范工程。交通监控（交通信号控制）主要表现为综合杆上搭载交通信号灯、交通监控，实现道路交通有序通行。

①智慧斑马线（行人过街安全警示）：在大型路口安装智慧斑马线系统，保障行人、车辆安全。

②机动车礼让行人（电子警察、卡口）：在杆上搭载多种交通检测设备，对违章车辆实施抓拍，保障道路通行安全。

③行人闯红灯：在城区核心路段主要路口建设行人闯红灯抓拍，当检测到行人闯红灯通行时，会自动进行录像和抓拍，并可在路口通过声音、影像等形式进行实时提醒和曝光，从而对违法行为进行有效遏制。

④交通诱导发布（交通信息发布）：在综合杆上搭载交通诱导屏，提前引导车辆通行路线，避免道路拥堵。

⑤违停抓拍：针对繁华路段设置违停抓拍系统，在禁停路段设置违停抓拍系统，并标注虚拟线圈、设定球形摄像机巡回时间及违停检测认定时间，则可实现车辆停放实时监测，对违停车辆进行记录全景和特写画面，具备目标自动识别、目标自动追踪功能，为交通拥堵疏导提供辅助作用。

⑥远光灯检测：作为新型应用，本项目试点安装在城区核心路口或路段，设置"远光灯监测抓拍系统"。当检测到机动车非法使用远光灯时，系统自动判断灯光炫目程度，将违法使用灯光车辆进行录像和抓拍，并在图片上加上违法信息文字水印。

⑦全景监控：在路侧智慧灯杆上布设全景球机监控系统，实时提供全景与特写画面，并具备目标自定识别、目标自动追踪功能，为交通拥堵疏导提供直观依据。

6.3.3 项目设计

1）杆体设计

智慧灯杆杆体设计融入科技、美学和人文理念，突出简洁、美观和科技感的外观，在满足用地、景观、道路空间等规划设计的管控要求下实现多场景的功能需求。洲明科技以多杆合一为目标，遵循"应合尽合"的原则，对深盐路交通信号控制、视频监测、交通诱导屏、标志牌等各系统与路灯照明合杆集约化建设，并预留5G基站、环境监测以及物联网等智慧城市设备接口，满足未来10年功能拓展需求。

2）系统平台设计

智慧灯杆的系统平台基于物联网、云计算、大数据和AI视频技术，发挥物云网融合优势，构建集约后台、敏捷中台、生态前台的智慧交通平台（图6-12）。

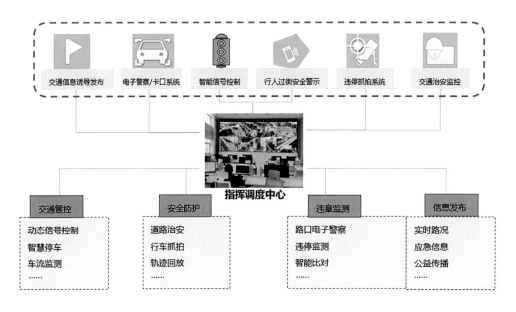

图6-12 项目架构设计示意图（图片来源：深圳市洲明科技有限公司）

6.3.4　项目建设

通过智慧交通项目的建设完善和提升了深盐路交通智能化管理及服务水平。缓解交通拥堵，减少交通事故，改善违停问题，提升交通事件处理效率和管理水平，为公众出行和经济发展提供高效便捷的服务。

通过洲明科技 LED 灯产品和智能系统的应用，实现路灯的智能调光、统一管理、节能照明，并且可根据环境照度、车流量、人流量等信息智能分析判断，实时调节道路照明亮度，在不影响照明质量的前提下降低能耗。

图 6-13 为智慧灯杆建设平面图。

图 6-14、图 6-15 为智慧斑马线建设平面图。

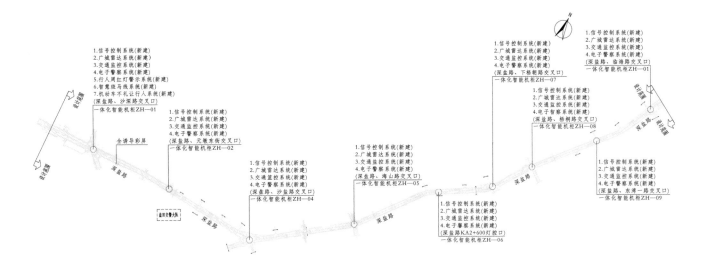

图 6-13　智慧灯杆建设平面图（图片来源：深圳市洲明科技有限公司）

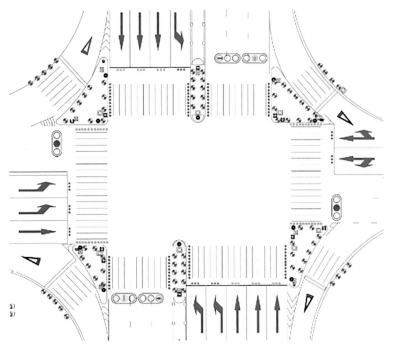

图 6-14　智慧斑马线建设平面图一（图片来源：深圳市洲明科技有限公司）

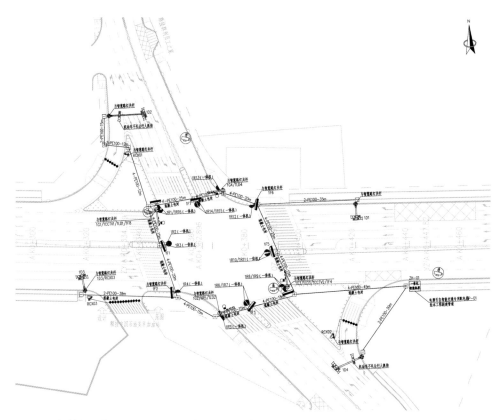

图 6-15 智慧斑马线建设平面图二（图片来源：深圳市洲明科技有限公司）

项目共建设 9 个灯控路口，具体涉及沙深路、元墩东街、沙盐路、海山路、K2+600、下梧桐路、梧桐路、东湾一路、临海路。建设内容包括交通信号控制、电子警察、卡口、交通视频监控、全景监控、行人过街安全警示、违停抓拍、智慧斑马线、机动车不礼让行人检测、交通信息发布、标志牌、智慧综合机柜。

与以往项目不同的是，本项目不仅工期极其紧张，项目的复杂程度和智能化程度也更具挑战性。洲明科技作为深盐路景观提升，智慧灯杆及智能交通专项工程设计施工单位，对各类杆件、机箱、杆上设施、配套管线等进行集约化设置，以替代原有的单一照明功能路灯，实现共建共享，互联互通。通过多杆合一改造，深盐路变得更加整洁有序，极大提升了城市面貌与城市运行效率。

项目实施过程中，洲明科技对每个实施路段进行周密的调研，因地制宜地开展多杆合一定制方案的精细化设计。合计提供了六大类、38 种小类杆件 273

套，智慧网关 251 套、智慧电源 251 套，挂载设备含 496 套照明、110 套信号灯具、48 套电子警察、55 套反向卡口、200 多台各类补光灯、54 台监控摄像机、9 台全景摄像机、1 处交通诱导屏及配套设备等。并为项目打造了智慧综合机柜，将交通信号控制、监控、通信、广电等线缆集中在一个综合机柜内，有效规避一柜一用占用空间资源，维护成本高，影响市容美观等问题，通过统一规划、统一建设、统一管理，实现空间道路综合应用。

6.3.5 项目风险及效益评估

本项目在建设上存在建设时间超期的风险。项目需 50 天完成交付，2020 年 11 月洲明科技接触该项目后，当即进行内部评审并决定全力投入设计、交付工作。当月对项目基础情况进行摸排，完成了多次现场勘探和成本、交付周期估算，并派出照明施工队进场展开现场绑扎钢筋等基础性施工工作，为后续的效率施工做好铺垫。2020 年 12 月 15 日，由精锐技术人员组成的智能交通施工队也顺利进场，进行实地情况检验和施工准备。2021 年 1 月 4 日，洲明科技团队完成所有灯具设备的生产工作，并在 2021 年 1 月 17 日完成了所有杆件类、交通类设备的生产和采购。2021 年 1 月 27 日，完成杆件吊装、设备安装、点亮调试等工作，昼夜赶工地完成了该项目。

2021 年 1 月 28 日，深盐路整体提升改造项目正式完工，完美实现了景观大道与盐田区半山公园带、滨海休闲带有机结合，形成独具盐田特色的"生态翡翠项链"，既成为盐田的新生态旅游名片，又成为盐田再出发、改善营商环境、提升城市竞争力的重要机遇和抓手。在 2021 年 4 月 12 日顺利通过深圳市交通运输局行动专家组现场验收，并被评为深圳市道路设施品质提升行动优秀项目（图 6-16）。

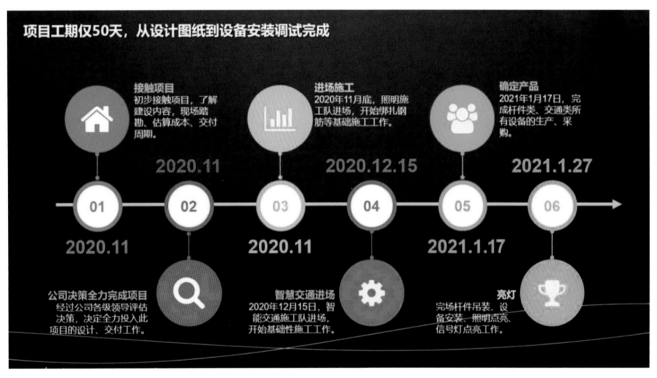

图 6-16　项目建设进度示意图（图片来源：深圳市洲明科技有限公司）

6.3.6　项目经验总结

1）项目建设亮点

城市智慧斑马线与红绿灯系统联动，通过视频及雷达车流量检测设备实现信号灯按车流放行和多样式放行。

全路段实时监控，自动抓拍，实现全路线检测，达到人过留影、车过留牌的效果。

具体亮点总结见图 6-17。

图 6-17　项目点亮总结（图片来源：深圳市洲明科技有限公司）

6.3.7 项目效果图与实景

图6-18为项目效果图。

图6-18 项目效果图（图片来源：深圳市洲明科技有限公司）

图6-19为项目实景。

图6-19 智慧灯杆建设实景（图片来源：深圳市洲明科技有限公司）

6.4　黄冈市智慧灯杆项目

6.4.1　项目概述

为落实国家对于"碳达峰、碳中和"的工作要求，助推实现我国向全世界作出的"碳达峰、碳中和"的庄严承诺，黄冈市委市政府启动节能减排相关工作，要求推动绿色低碳发展，把降碳作为绿色转型总抓手，大力发展循环经济、低碳经济。

2020 年，湖北省黄冈市启动了黄冈市城区智慧路灯节能改造工作。改造后，黄冈市改造路段以往照明效果差、难管难控，维护难的问题得到了根本性改变。不但解决了路灯运营工作上难管、难控的问题，还大幅降低了路灯用电能耗，并且专项优化了各区域和路段的夜间视觉效果，提高道路车辆通行效率的同时提升了城市道路形象。

此项目是典型的城市智慧灯杆建设第三种模式，以城市某个片区的几条道路为试点进行新建或改造，智能照明杆和智慧灯杆同步进行建设，成效显著。项目建设周期为 1 年，从 2021 年 12 月到 2022 年 12 月。

6.4.2　需求分析

项目需在 8 条道路内建设智慧路灯和普通路灯。对 2 条传统钠灯路段进行改造，2 条已完工 LED 灯具路段增加控制器，并在路口建设 18 杆中杆灯。

需以灯杆为载体，通过集照明、视频监控、信息屏、音响、传感器、智慧城市设备接口预留于一体的智慧灯杆建设，包括但不限于智能照明、交通指引、应急响应等功能场景，在满足基本照明功能的同时，为智慧交通、公共安全监控、网络互连互通（5G）、绿色减排、信息发布等提供基础设施条件，提升道路绿化景观，打造智慧交通示范工程。

1）基于道路环境的适应性照明

路段照明策略：针对不同路段设计车速、光源高度、车流人流等因素选择合适的智能调光策略。

时段照明策略：根据日出日落时间，调整自动开关灯时间，上半夜及下半夜动态调整路灯照明效果。

区域分组调光：对同一片区的路灯统一分组管控，支持一键对开关灯和亮度调整。

节能分析及照明：统计路灯动态节能率，根据节能减排要求选择节能策略，降低项目整体能耗。

2）智能设备管理

信息发布：对灯杆挂载信息屏和音响进行管控，使用可视化方式拖拽素材至时间轴编排音视频节目，并对素材进行闭环管理，保障信息发布安全。

环境感知：对路灯倾斜度、浸水及气象环境等数据进行采集，全方位了解各区域环境数据，并对异常数据进行预警处理。

应急响应：对智慧灯杆所在区域挂载监控摄像头，支持多种监控展示方式，保障道路和资产安全。

智能联动：基于智慧灯杆、智慧节点，对挂载的智能设备和周边路灯进行联动管控，GIS 地图中可直观对智能设备和路灯进行协同管理。

3）大数据应用

定制报表：系统对照明数据、节能数据、能耗、故障、资产等数据进行监控和采集，用户可基于项目数据应用需求灵活搭建专属数据面板和报表体系。

数据可视化：系统支持数据监测大屏可视化展示效果，大屏展示项目资产分布及各项运行核心数据，可应对重大节日监控和总控室日常管控需求。

4）智慧运维

状态感知：24 小时监测智慧路灯在线率、亮灯率、能耗等数据，对策略执行及手动控制进行同步反馈。

工单管理：支持维保、巡检、维修三种工单类型，对路灯资产进行全生命周期跟踪和管理。

移动端应用：手机可安装运维端 APP，支持 GIS 定位周边智慧路灯，可查看运行信息并执行开关、调光等控制。

故障响应：系统 24 小时监测路灯设备故障状态，路灯数据异常时可推送至值班人员。

6.4.3　项目设计

本项目设计按照国家和地区的相关标准和规范进行，智慧灯杆及各系统主要依据招标文件和相关的设计规范进行。

智慧灯杆杆体设计需融入科技、美学和人文理念，突出简洁、美观和科技感的外观，在满足用地、景观、道路空间等规划设计的管控要求下实现多场景的功能需求。对市政道路提供阶梯式照明，根据各路段实际照明需求，提供智能化的照明解决方案，在保证照明效果合理的同时最大程度减少能耗浪费。建设若干智能设备连接节点，对 LED 灯具、信息大屏、音响、告警器、传感器等智能设备进行集约化建设，各设备联动配合运行，同时预留 5G 基站、环境监测以及物联网等智慧城市设备接口，满足未来 10 年功能拓展需求。

图 6-20 为项目系统架构设计示意图。

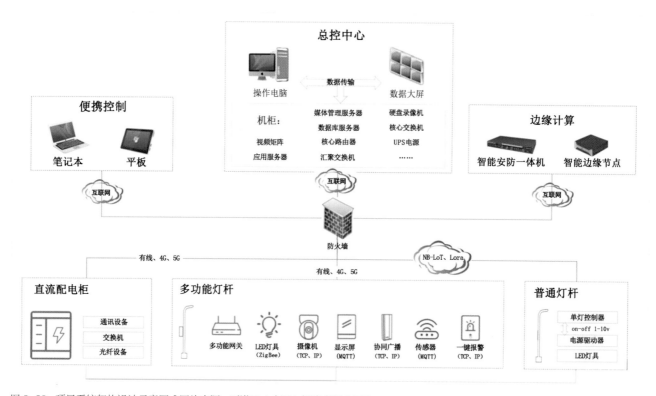

图 6-20　项目系统架构设计示意图［图片来源：昕诺飞（中国）投资有限公司］

图 6-21 为智慧灯杆设计示意图。

图 6-21　智慧灯杆设计示意图 [图片来源：昕诺飞（中国）投资有限公司]

6.4.4　项目建设

1）建设目标

智慧路灯项目的建设提升和完善了黄冈市城市道

路照明智能化管理及服务水平，缓解了道路照明分布的不合理，改善了交通拥堵，提升了应急响应速度和管理水平，为公众出行和经济发展提供了高效便捷的服务。

通过 LED 灯产品和智能系统的应用，实现路灯的智能调光、统一管理、节能照明，并且可根据环境照度、车流量、人流量等信息智能分析判断，实时调节道路照明亮度，在不影响照明质量的前提下降低能耗。

2）建设内容

项目共建设高铁分区主路、高铁分区辅路、法院分区主路、法院分区辅路、誉天下分区主路、誉天下分区辅路、西城大道分区主路、西城大道分区辅路、中杆分区等十余个路段分区，对不同路段和分区进行道路适应性分段调光。

3）应用系统架构

图 6-22 为应用系统架构示意图。

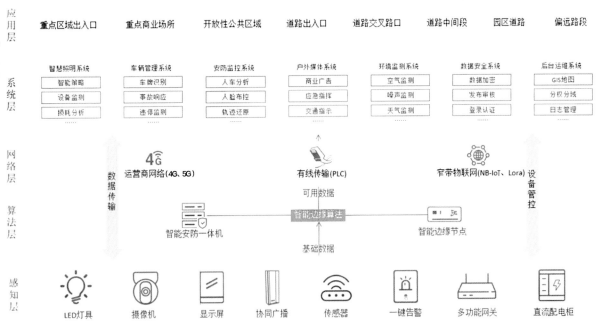

图 6-22　应用系统架构示意图 [图片来源：昕诺飞（中国）投资有限公司]

所有改造路段全部使用智慧路灯系统，做到单灯单控实现全网统一后台管理、控制调光、定时开关、能耗统计、故障告警等功能。以多功能智慧灯杆路灯与单灯智慧路灯穿插使用的方式，可更直观地体验到智慧灯杆路灯更优的成本控制。

智慧灯杆全部使用智慧路灯系统，实现全网统一后台管理、控制调光、定时开关、能耗统计、故障告警等功能（图6-23）。

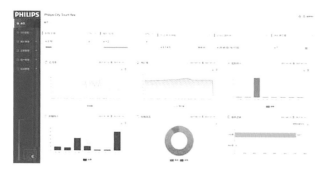

图6-23　智慧路灯系统功能示意图 [图片来源：昕诺飞（中国）投资有限公司]

本次智慧路灯共涉及8条道路，布置如下：

① 沿园区内道路两侧对称布置路灯。

② 路灯间距为30m。

③ 300m一个多功能智慧路灯。

④ 每个路口位置需布置四个方向过路穿线管，路口一共配置18杆中杆灯。

6.4.5　项目风险和效益分析以及项目经验总结

昕诺飞（中国）投资有限公司成功为湖北省黄冈市提供了整合的道路照明解决方案，包括智慧灯杆（Bright Sites）、飞利浦LED路灯以及智能互联照明系统（Interact）。该项目帮助黄冈市降低能耗和运营成本，同时为城市基础设施的数字化转型奠

定基础。在此项目中，黄冈产业园采用了智慧灯杆（BrightSites）和高效节能的飞利浦LED路灯，并接入智能互联照明系统（Interact）。整合的道路照明解决方案除了提供高品质的LED照明，还可实现云上平台双向通信。运营团队可通过管理平台远程实现对路灯的精细化智能调控管理，及时处理运维需求，进一步减少照明能耗和运营成本。

项目不仅为园区内工作人员打造了更加安全舒适的通行和工作环境，也帮助园区降低了近94%的照明能耗和近50%的运营成本。该项目为黄冈产业园乃至整个城市的数字化转型升级奠定了基础，帮助加快实现可持续发展目标（图6-24）。

图6-24　节能率计算示意图 [图片来源：昕诺飞（中国）投资有限公司]

6.4.6　现场图片

图6-25、图6-26为项目实景。

图6-25　现场实景角度一 [图片来源：昕诺飞（中国）投资有限公司]

图 6-26 现场实景角度二 [图片来源：昕诺飞（中国）投资有限公司]

6.5 北京市经开区智慧灯杆项目

6.5.1 项目概述

北京经济技术开发区（以下简称"北京经开区"）牵头加快推动智慧城市基础设施和智能网联汽车协同发展，实施高级别自动驾驶示范区车路协同信息化基础设施建设改造。2021 年 9 月，以服务高级别自动驾驶建设需求为主要出发点，结合智慧城市基础设施布局和应用，启动北京市高级别自动驾驶示范区智慧灯杆项目，全面布局北京经开区城市级道路数字基础设施，推进"多杆合一、多感合一、多箱合一"建设，在提升城市道路景观基础上，构建从触角终端、多源数据、智能平台到场景服务的数据流转闭环，打造全国领先的智慧城市感知体系，形成可复制、可推广的"亦庄模式"。

6.5.2 项目需求分析

1）自动驾驶需求

为加快实现 L4 级以上高级别自动驾驶的规模化运行，北京市建设全球首个网联云控式高级别自动驾驶示范区，并在北京经开区先行先试。在支持单车智能

继续迭代完善的基础上，研究城市智能化道路与数字化平台的建设标准，推进智能网联汽车与城市出行、智慧物流与智慧交通的融合发展，实施高级别自动驾驶示范区车路协同信息化基础设施建设改造。

2）智慧交通需求

随着 5G 通信技术、大数据、人工智能的快速发展，物联网、互联网、车联网逐步形成并广泛应用。其中驾驶员、车辆、道路、出行环境及云端得以高效联通，智能网联、智慧交通等新兴技术得到蓬勃发展，以无人驾驶、车路协同等为引领的新型交通出行理念正逐步开展落地示范，利用视频监控通过智能识别、通信传输、边缘计算、数据融合处理等技术的有效集成应用，可实现车辆管控、交通诱导、违章处罚、绿波控制等功能。通过交通信息的有效获取、传输、分析和发布深度挖掘交通大数据的多维价值，可为示范区交通管理决策、业务开展提供有效的数据支撑，满足民众智慧交通出行的需要，提升城市智慧交通服务管理水平。

3）城市治理需求

为了有效提高城市治理管理效能，采用视频监控、信息化处理等智能化技术，通过城市主要道路、街区安装视频监控的视频感知数据健全城市运行状态感知效能，动态掌握城市运行特征，提高城市治理、防汛应急等领域的远程感知能力。实现态势全面感知，问题实时处置，风险智能预判，应急高效响应的城市治理目标，持续提升城市综合治理能力。

4）新基建建设需求

《北京市加快新型基础设施建设行动方案（2020—2022年）》和《北京市"十四五"时期智慧城市发展行动纲要》明确要求，聚焦"新网络、新要素、新生态、新平台、新应用、新安全"六大方向，建设具有国际领先水平的新型基础设施，对提高城市科技创新活力、经济发展质量、公共服务水平、社会治理能力形成强有力支撑。智慧灯杆作为5G基站、新能源汽车充电桩、物联网等集约高效、绿色环保的硬件平台，是智慧城市、人工智能广泛分布的"神经网元"，同时也是信息采集、处理和发布的载体，可实现通信、公共安全、环境监测、新能源业务和信息发布等业务应用。随着5G、物联网、大数据、AI等新兴技术发展以及多类型信息数据共享及联动将会催生更丰富的智慧城市创新业务应用需求。

6.5.3 项目设计、建设与运营

北京市高级别自动驾驶示范区智慧灯杆项目，以打造全国首个路侧数字化基础设施智能网联标准路口示范区为目标，对北京经开区305个灯控路口进行升级改造，打造超大规模、超大范围的智能网联标准路口示范性工程，为高级别自动驾驶示范区提供数字基础设施底座。

1）项目设计

北京经开区作为高级别自动驾驶示范区和智能网联汽车政策先行区，围绕北京经开区核心区60km²，按照"多杆合一、多感合一、多箱合一"的理念，进行城市交通路口基础设施标准化设计，形成了标准路口配置清单，打造了全国首个智能网联标准路口示范区，共计305个路口实现智能网联道路基础设施全覆盖和数字化全息感知，每一个智能网联标准路口实现"有杆、有箱、通电、通网"，形成全域覆盖、自动采集、精准高效的新型感知格局，促进了北京市智能网联汽车产业的发展与智慧城市发展高度协同，为北京市打造全球数字经济标杆城市积累了"亦庄经验"。

2）项目建设

示范区2.0阶段，北京经开区定义智能网联标准路口，率先实践"多杆合一、多感合一、多箱合一"的建设方案，实现自动驾驶、交通交管、公安、城市管理设备的深度复用，持续探索车路能力之间的最佳耦合关系，降低路端建设成本，打造形成智慧城市基础设施和智能网联汽车协同发展的"北京样板"。

（1）多杆合一建设

按照"一路一策、一杆一策、一杆多能、应合尽合"的原则，综合考虑安全性、合规性和整体美观协调性，创新研发新一代信息技术复合型公共信息基础设施智慧灯杆，采用十二棱外观、滑槽连接、机箱分仓、防水散热等工艺，将传统功能单一的灯杆和标志杆升级为集路灯照明、交通标牌指示、无人驾驶设备，集供电、网络和控制于一体的智慧灯杆。以道路照明灯杆为优先合杆的母杆，其次为交通信号灯杆、交通标志杆、交通监控杆等（表6-3），整合各类设备设施和机箱，实现智慧灯杆的功能服务标准化。结合现状交通标志、交通指示牌、信号灯、电子警察、行人闯红灯、监控摄像机、5G基站、无人驾驶设施等，秉持能合则合的原则，智慧灯杆类型可大致分为A~F共6类（图6-27）。

表 6-3　智慧灯杆整合内容

杆体名称	合杆设备
道路照明灯杆	照明灯具等
交通信号灯杆	机动车、非机动车、行人信号灯等
交通标志杆	警告、禁令、指路、指示、辅助标志等
交通监控杆	电子警察、违法停车监控等
"雪亮工程"杆体	"雪亮工程"监控
自动驾驶示杆体	无人驾驶等设备
其他杆体	5G 等智慧设备、街牌、步行者导向牌等

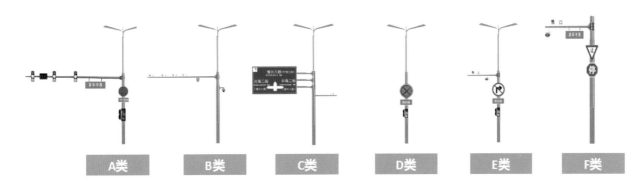

图 6-27　杆体设计类型（图片来源：北京数字基建投资发展有限公司）

A 类智慧灯杆：道路交口出口方向设置的杆体类型，主要挂载照明灯具、（非）机动车信号灯、指路标志、指示标志等设备设施，预留小型设备设施挂载条件。

B 类智慧灯杆：道路交口入口方向设置的杆体类型，主要挂载照明灯具、电子警察、指路标志、指示标志等设备设施，预留小型设备设施挂载条件。

C 类智慧灯杆：路段设置的杆体类型，主要挂载照明灯具、大中型指路标志、分道指示标志等设施，预留小型设备设施挂载条件。

D 类智慧灯杆：路段使用量最多的杆体类型，主要挂载照明灯具、路段小型道路指示标志等设施，预留小型设备设施挂载条件。

E 类智慧灯杆：路口设置的杆体类型，主要挂载照明灯具、视频监控、行人信号灯等设施，预留小型设备设施挂载条件。

F 类智慧灯杆：设备点位无法与灯杆位置重合而设置的杆体类型，该杆型不具备照明功能。主要挂载小型指示标志、行人信号灯、生态环境监测、气象监测、城市感知等物联感知设备设施，预留小型设备设施挂载条件。

（2）多感合一建设

统筹城市运行中自动驾驶、智慧交通和城市治理等各类系统需求，按照"性能兼容、能合则合"的原则，在满足自动驾驶需求的基础上兼顾智慧交通和城市治理设备需求，将原有分散的、功能单一的前端设备进行整合，实现一感多用，减少设备、杆件及其配套传输供电工程量，电网使用智能调控、科学分配、智慧监管。坚持一次投资、长期复用的原则，在减少资金不必要浪费的同时可有效保持城市环境的整洁。

全面推进监控摄像机、雷达、路侧终端（RSU）、信号机等产品的技术革新和价值创新，全量部署感知设备，即摄像头、鱼眼相机与毫米波雷达，应对机动车、非机动车等大量目标的数据处理需求。推动信号机实现联网联控，实现"全面感知、全局共建、全区智能"

的系统化布局，为"聪明的车"大规模行驶在"智慧的路"上奠定坚实基础，推进新一代数字基础设施与智能网联行业深度融合、迭代演进、协同发展新生态（图6-28）。

图6-28 多感合一设备场景覆盖示意图（图片来源：北京数字基建投资发展有限公司）

（3）多箱合一建设

按照"小型设备整合入杆，大型设备整合入箱"的原则，设备安装空间分为箱杆合一和智慧综合箱两种方式。

① 箱杆合一：在智慧灯杆底部设置舱室空间，为

路灯、交管、公安等预留穿线孔和安装空间，箱杆合一采用分仓设计、强电弱电分离、按需分仓、统一运维。同时，创新研发核心控制器、智能分压电源和智能箱控模块等智能集约化信控设备，全面取消各类设备抱杆现象，最大程度减少舱内设备数量，协调整体美观。

② 智慧综合箱：高度整合公安、交管、自动驾驶路侧数字化设备设施，创新研发实现统一管理的大型智慧综合箱。箱体采用"三舱六门，多箱整合"设计，分区管理、统一运维、各自使用，实现一个路口一个箱体的标准配置，净化城市公共空间，全面提升城市景观。现场实景见图 6-29。

图 6-29　智慧综合箱实景（图片来源：北京数字基建投资发展有限公司）

（4）一张光缆网建设

有线专网网络传输拓扑分为核心层、汇聚层和接入层。核心层采用双核心交换机，通过关键设备的冗余，提高整网可靠性，负责提供核心机房间的各类业务调度，具备大容量的业务调度能力和多业务传送能力。汇聚层采用万兆带宽汇聚环网，10G 汇聚链路环，根据现场链路组网方案，每个汇聚环下带节点数量不超过 20 个路口，负责各类业务的汇聚和疏导，具备较大的业务汇聚能力。接入层采用千兆接入交换机，负责终端感知设备的直接入网，具有一定的接入带宽冗余。

本项目共建设 96 芯核心光缆环、48 芯汇聚光缆环、12 芯接入光缆环三层架构。视频专网、自动驾驶专网、无线高速通信技术（EUHT）专网系统在汇聚层和核心层共缆建设。

（5）一张供电网建设

智慧灯杆的供电系统综合考虑道路照明、监控、交通信号灯、电子警察等用电设施的近期和远期用电需求。配电线路均从规划设置的市政公用箱式变压器引出，除道路照明外单独为各类公共服务类设备提供供电回路，由市政公用箱式变压器引出为交通信号控制机、信号灯、各类监控设备、无线通信设备、气象数据采集设备提供电力。同时为市场化挂载设备，如广告牌、充电桩、5G 基站等预留供电能力。

（6）数字基础设施运营管理平台构建

城市级数字基础设施运营管理平台作为智慧城市感知网络信息汇聚和流转的中枢，平台以智慧灯杆为载体，以各类监测设备为终端，以城市部件二维码为依托，以运营管理平台为手段，实现数据信息互通共享，既是物联感知入口，也是城市服务的出口。搭建城市级城市部件基础设施资产管理框架，构建城市基础设施资产大数据底座，通过全域运营能力，突破传统城市治理模式，让城市治理更加智能化、集约化、精准化、人性化，主要通过以下 6 个方面来实现：

① 资产上图。将城市基础设施全量资产入库上图，精准落图、清晰可见。通过地图展示资产位置，形成资产地图，并支持多维度检索，所有资产信息一览无余（图 6-30）。

图 6-30　设备资产地图（图片来源：北京数字基建投资发展有限公司）

② 二维码管理。为每一个可见资产赋予唯一的二维码身份信息，实现"一物一码""一码通用"，实现全域资产数字化动态管理。普通群众可通过二维码与运营平台进行投诉建议互动，工作人员也可凭此唯

一编码开展运维、运营等工作。

③ 智慧运维。实现资产巡检、事件上报、工单处理、资产状态变更等闭环流程体系。建立数字化巡检手段，聚焦巡检计划、任务的管理和执行业务需求，巡检任务周期可定制，巡检任务执行情况可考核，巡检结果完成情况可追溯。建立多级多渠道业务问题的分发机制，解决工单的派单和审核，闭环解决 12345 政务服务便民热线、告警等业务问题（图 6-31、图 6-32）。

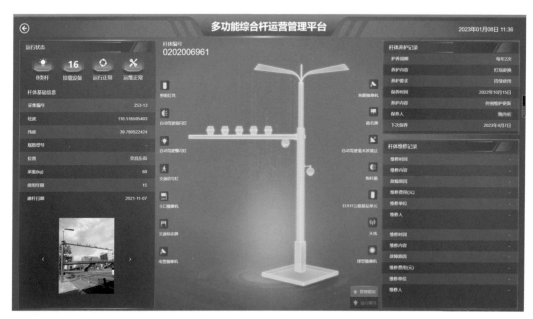

图 6-31　智慧运维页面一（图片来源：北京数字基建投资发展有限公司）

图 6-32　智慧运维页面二（图片来源：北京数字基建投资发展有限公司）

④ 智慧照明。基于单灯控制设备收集所有杆体和设备的运行状态,包括功率因数、灯具亮度、功率、电压、电流、用电量等数据,建设具备统计概览、灯具管理、单灯控制、回路控制、区域控制、场景策略等功能的应用系统。实现城市路灯照明的智能调光、统一管理、节能照明,能够大幅节省电力资源,提升公共照明管理水平。

⑤ 视频监控。支持城市治理、违停监控、电子警察等海量监控摄像头接入,通过云端统一调阅、控制、分发。通过流媒体服务器实现多用户分发,功能包含实时视频、历史视频、云台控制、电子地图、告警通知、远程设置及监控状态查询等,实现城市运行现状随时了解,快速掌握。

⑥ 智慧运营。针对城市运行中的地下基础设施资产,如管网路由、管井、光纤、电缆及相关配套设备进行专项管理。建立资产台账,全面理清家底,并通过地图平台可视化直观展示资产分布情况和上下游关系。通过使用余量显示、快捷展示、查询光纤占用率信息,辅助运营决策。

3）项目运营

为有序推进城市数字基础设施建设工作,北京经开区大胆尝试政策突破,确立了智慧灯杆及配套设施建设运营模式,以政府统筹规划,企业投资建设,统一运营维护的思路开展,形成了企业投资建设,金融机构融资支持,政府使用付费和市场化同步推进的商业闭环,在全国率先形成"规、建、管、养、用"一体化、全链条、可持续建设运营新模式。

为保障城市数字基础设施建设项目落地实施,北京经开区专门设立面向智慧灯杆投资建设的国有平台公司北京数字基建投资发展有限公司作为建设运营实施主体,负责智慧灯杆、道路管井、通信网络、电力设备等建设工作,并将各类存量杆体及配套设备交给数基建公司进行统一管理和集约化运维。在保证城市服务水平的基础上鼓励平台公司拓展市场化经营渠道,

盘活市政资产,充分融合"杆、电、网、箱"多设施组合优势,依法有序开展充电桩、广告服务、设备挂载租赁、通信基站挂载、大数据服务等业务,不断拓展完善扩充新型智慧城市"插座"应用场景,提升企业市场竞争力,实现企业良性运转。

6.5.4　项目效益及项目亮点经验

1）项目效益

北京经开区始终坚持推动城市数字基础设施现代化的初心和使命,服务数字经济发展和智慧城市建设。坚持政府主导和政策统筹,坚持实施主体统一推动,坚持技术融合创新,形成良好的社会和经济效益,并在全市发挥了示范引领作用。

（1）社会效益

一是推进智慧城市基础设施和智能网联协同发展。北京经开区依托城市数字基础设施建设,按照国际一流、全国领先的标准,高水平打造全国首个智能网联标准路口示范区,加速推进网联云控智能化设施全覆盖,完善城市道路智能化设施感知能力,实现城市级交通体系的全要素数字化。城市级、规模化服务进一步推动更大规模网联车辆测试应用,促进更多创新成果转化落地,构建全国首个智慧城市基础设施与智能网联协同发展"北京样板"。

二是引领城市建设双碳绿色升级和景观品质提升。北京经开区积极贯彻"碳达峰、碳中和"的绿色节能理念,发展循环经济、加强技术创新,以技术攻关推进城市"双碳"绿色发展新升级。北京经开区自主研发技术领先、高度集成、智能可控的核心产品,"多杆合一、多感合一、多箱合一"建设效果显著。大幅精简道路两侧杆件、设备和箱体数量,不仅节约城市土地资源,净化城市空间环境,提升街道空间秩序感和景观品质,而且进一步推进城市基础设施智慧化、数字化转型升级,引领智慧城市数字基础设施建设领域高质量发展。

三是促进城市数字基础设施大规模建设，从而实现降本增效。传统杆体等市政公用设施建设模式，不同部门的建设需求难以统筹规划，不仅建设成本高，而且标准不同、功能单一、管理分散，综合管理效益低下，无法产生集中运营的集聚效益。作为新一代集约化城市数字基础设施，智慧灯杆及配套设施相比传统杆体，实现了全生命周期建设成本的降低，缩减了政府财政支出。同时为城市未来发展预留充足使用空间，避免了重复投资和"马路拉链"现象。探索了一条一次投资、长期复用的持续循环发展新路径。

四是提升城市公共服务水平并改善交通出行环境。城市数字基础设施作为信息采集和感知体系的终端，可突破传统公共服务模式，将数智能力直达公安、民生、城管等各领域，让城市治理智能化、集约化、人性化，为智慧出行、智慧交通提供感知数据，改变人们的出行方式与生活水平，提高出行效率与民生满意度，让服务更高效、更精准、更及时。

（2）经济效益

一是减少城市基础设施重复投资建设。智慧灯杆在整合能力和承载能力上具有高扩展性，预留空间充足，无须破路改造和新立杆体。可最大程度降低城市道路基础设施全生命周期的经济投入，一次投资，长期复用，实现城市新型基础设施集约化、经济化和可持续化建设。

二是集约管理降低城市运营成本投入。通过项目建设实现城市基础设施运行信息的实时采集和展示，有效地降低了管理成本，提高了事件发现、处置的速度，提高了城市资源的利用率和效益，将在较大程度上减低城市运行风险防范的成本，减少紧急事件造成的直接、间接经济损失。

三是打造城市"插座"和产业孵化"数字底座"。项目建设打造了全国首个服务于高级别自动驾驶的城市级工程试验平台，充分发挥智慧灯杆的综合优势、点位优势、规模优势，快速扩大数字化基础设施产业

链条，不断探索、丰富智慧灯杆创新业务和创新应用，打造创新产业生态聚集区，通过产业招商促进产业孵化，进而形成产业发展合力。

2）项目亮点

（1）项目成果

北京经开区遵循"需求引导、多网融合、技术创新、车路协同"的原则进行城市路口基础设施标准化设计，形成标准路口配置清单，完成北京经开区305个智慧网联标准路口建设任务。建设智慧灯杆3 542套，安装智慧综合箱305个，车路协同设备12 213个，EUHT设备555套，单灯控制器2 884台，智能分压电源1 995台，智能箱控模块527台，拆除旧杆体5 975根，接入视频7 237路，减杆率达42%，实现"一杆多感"综合承载，有效改善城市景观。同步践行了"多杆合一、多感合一、多箱合一"的理念，电力和网络实现"一点接入、即取即用"的社会化网络服务能力，所有智能网联标准路口实现"有杆、有箱、通电、通网"，打造了智慧城市"插座"和产业孵化"数字底座"，率先为高级别自动驾驶提供城市级、规模化服务的区域，有力推动了汽车产业转型升级和智能网联产业做大做强，也为智慧城市感知网络体系建设奠定坚实基础。

（2）模式创新

北京经开区授权数基建公司作为北京经开区智慧灯杆及配套设施建设运营的实施主体，负责推进区内智慧灯杆及配套设施的投资、建设和运营。投资建设采用政企合作模式，资产权属归各自所有。管理维护上，北京经开区将新建灯杆和城市原有各类存量杆体和设备统一交给数基建公司管理维护，全面解决了路面杆体多头管理、各自独立、归口不一等问题。

（3）技术创新

一是自研核心控制器等物联感知设备，具备定位、环境检测、状态感知、用电监测、路灯智能控制及远

程通信等功能，使灯杆有"心"、带"智"，实现智慧灯杆全生命周期的监控和管理。

二是机箱集成创新，进行箱杆一体化设计，杆体机箱内部设置的工业以太网交换机为数据传输提供支撑，通过机箱电源模组为杆体挂载设备及箱内设备供电并计量，通过自研箱控模组对机箱内部环境及外电质量进行监测，也创新研发生产了全国第一款高度整合公安、交管、自动驾驶路侧数字化设备设施。实现统一管理的大型智慧综合箱，采用"三舱六门，多箱整合"的设计，分区管理、统一运维、各自使用。

（4）平台创新

数字基础设施运营管理平台，具有对智慧灯杆及配套设施的建设管理、资产管理、运维运营、迁移更新等全面管理的功能，全链条支撑建设、管理、养护、使用全业务流程工作开展。目前平台已汇聚全量资产位置信息和影像数据，主动采集各类资产动态数据，全量资产可查可看、智能设备远程可控、状态异常自动监测、任务派单及时反馈，实现全局动态智慧运维闭环管理。创新"动"态与"静"态视频监控相结合，以车辆为载体，利用城市道路移动视频智能识别技术，对夜间路灯照明情况、标牌完整度等场景开展人工智能巡检测试验证。

（5）运营创新

运营收益上政府购买服务与市场化运营同步推进，政府按需付费。同时在确保安全可靠的前提下，鼓励运营公司积极探索并依法依规开展各类商业化服务，如充电桩运营、广告服务、通信基站挂载、车联网、物联网、大数据服务等，促进城市基础设施和智慧城市建设深度融合。

6.5.5　现场图片

图 6-33、图 6-34 为项目实景。

图 6-33　项目实景角度一（图片来源：北京数字基建投资发展有限公司）

图 6-34　项目实景角度二（图片来源：北京数字基建投资发展有限公司）

6.6 南京市南部新城智慧城市建设项目

6.6.1 项目概述

南京南部新城智慧城市建设项目以基础设施智能化为基石，以南部新城智慧城市平台为核心，打造新型智慧城市服务。项目中标金额 5.09 亿元，联通物联网有限责任公司是该项目的总集成单位。南部新城核心区面积仅 9.8km²，区域内布设了 45 类传感设备、8 大类传感器，共 31 322 个智能终端，基于城市物联感知体系，构建了智慧灯杆、管廊、水务、环保、环卫等 20 多项智能化应用。

其中，基于 CIM 模型重点打造的智慧灯杆融合了感知、传输、存储、计算、处理等功能，成为支撑城市经济社会发展的"新基建"。万物互联时代的物联网需要结合终端特点综合采用有线通信、无线通信和标识识别技术，其网络设备和感知终端无处不在。

项目的目标是通过对城市基础设施资源的集约化利用，整合空间资源，优化公共设施布局，提高智慧化水平。同时利用智慧灯杆集成各类感知设备，共用通道资源与建设资源，减少基础设施杆件建设，节约基建施工费用，集约化交通设施用地，实现对基础设施智能化监测与控制，提供精细化管理水平。基于智慧路灯打造一张城市级物联感知网络，通过数据融合、挖掘，使得城市管理和服务更富有预见性、创造性、协作性，助力智慧城市发展。通过打造智慧城市平台提供多维度数量来源，为城市规划提供决策支撑，打造南部新城智慧城市。

目前，南部新城依托卡子门大街及响水河步道试点区域已建成集智能照明、视频监控、环境监测、5G通信、信息发布等多种物联网感知终端于一身的集约化智慧灯杆群，并将其作为城市物联感知的重要端口和载体。随着南部新城建设进度的推进，智慧灯杆的建设将逐步覆盖南部新城全域，进一步完善城市感知网络体系（图6-35）。

图 6-35 南部新城城市信息模型平台（图片来源：联通物联网有限责任公司）

6.6.2　需求分析

智慧灯杆项目建设需要通过深入挖掘传统灯杆和智能传感设备的应用价值，集成智能照明、交通监测、环境监测、信息服务、安防监控、紧急呼叫、新能源车充电等功能，实现立体传感、智能识别、节能降耗、和谐运营。智慧灯杆将采集到的数据与南部新城运营中心进行对接交互，实现跨场景的数据资源共享与场景交互，为南部新城的智慧化应用建设提供数据支撑。

1）支持泛在感知网络

本项目的智慧灯杆需要使用4G/5G网络进行组网，每根灯杆上的LED、公共广播、环境监测、视频监控等设备先接入智慧盒，智慧盒再通过4G/5G传输网络传输到南部新城IOC运营中心交换机，再到智慧感知平台服务器，形成前端硬件终端与万维网（WEB）服务器的远程通信（图6-36）。

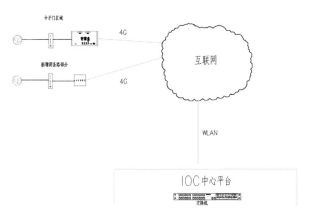

图6-36　智慧灯杆网络组网方式（图片来源：联通物联网有限责任公司）

2）急需综合运行管理平台

智慧灯杆运行管理平台以基础设施智能化、公共服务便利化、社会治理精细化为重点，需要将运行的智慧灯杆网络整合起来，为智慧城市的"感""传""智""用"提供基础支撑，从而对城市管理、公众服务等多种需求做出智能响应。

3）各部门需要应用场景定制化服务

根据区域各地块功能将城市道路划分为特色街巷、活力水环、城市工地和生态新城四类，并按需为各类城市道路灯杆提供定制化智慧能力。

①特色街巷：视频监控（占道经营、停车管理）、智慧照明、信息发布、烟感告警、公共广播。

②活力水环：视频监控（越界监测）、智慧照明、信息发布、环境监测、公共广播。

③城市工地：视频监控（渣土车管理、乱堆物料）、智慧照明、公共广播。

④生态新城：环境监测（PM2.5、温湿度）、环保一张图（热力图）。

6.6.3　项目设计

智慧灯杆的设计应遵循杆体构件化、功能模块化、接口标准化的原则。各系统的设计、实施、验收应符合相关标准的规定，包括杆体设计、分层设计和终端加载、供配电设计、综合机柜与底仓设计。

1）杆体设计

杆体设计具备较好的兼容性及可扩展性要求，并依据应用场景及需求，在承载能力、设备安装空间及穿线空间方面做好预留。杆体采用构件化设计，设备与杆体连接应标准化。杆体设计考虑不同设备维护的独立性。杆体内部设计应满足强弱电线缆分离要求。杆体按承载能力极限状态和正常使用极限状态进行设计，并应满足杆体所挂载设备正常使用的要求。杆体各功能构件设计风格宜协调统一（图6-37、图6-38）。

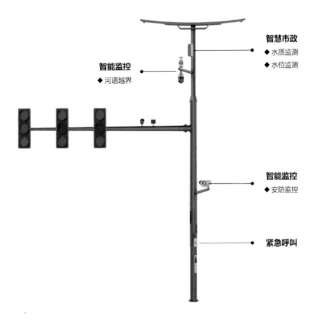

图6-37　智慧灯杆杆体设计示意图一（图片来源：联通物联网有限责任公司）

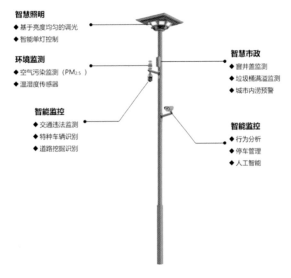

图6-38　智慧灯杆杆体设计示意图二（图片来源：联通物联网有限责任公司）

2）分层设计和终端加载

智慧灯杆采用分层设计原则。

底层：适用配套设备（供电、网关、路由器等）、充电桩、多媒体交互、一键求助、检修门等设施，适宜高度为2.5m以下。

中层：高度为2.5 ～ 5.5m，适用路名牌、小型标志标牌、人行信号灯、摄像头、公共广播、LED大屏等设施。高度为5.5 ～ 8m，适用机动车信号灯、交通视频监控、交通标志、分道指示标志牌、小型标志标牌、公共WLAN等设施。高度为8m以上，适用气象监测、环境监测、智能照明、物联网基站等设施。

顶层：顶部宜部署移动通信设备，高度一般为6m以上（图6-39）。

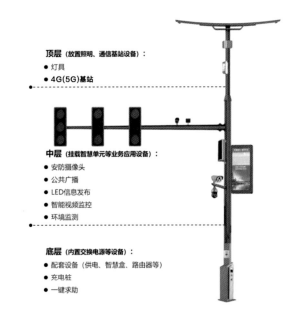

图6-39　智慧灯杆挂载设备分层设计示意图（图片来源：联通物联网有限责任公司）

南部新城智慧灯杆承载了物联感知终端，并具备一定的智慧能力，感知终端可通过各种通信手段接入智慧城市平台，为各场景应用提供数据。根据当前需求，南部新城智慧灯杆应用试点挂载了视频监控、环境检测、信息发布、一键求助、公共广播、智能充电桩、智能分类垃圾桶、物联感知终端等，智慧路灯设备挂载如图6-40所示。

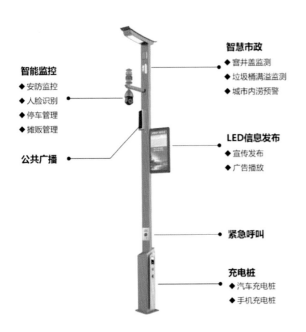

图 6-40 南部新城智慧灯杆示意图（图片来源：联通物联网有限责任公司）

3）供配电设计

智慧灯杆系统所有供电线路统筹共建共享，所有挂载设备的供电模块应统一配置。灯杆管道有充分预留，未来在有新增功能模块的情况下无须再次改造原有管线，避免二次开挖、重复建设。充分利用现有配电设施布点就近取电，尽量避免新增配电变压器布点。供电容量设计应综合考虑各挂载设备的用电总负荷，尤其是基站和充电桩。实际应用根据具体情况及设备数量需求进行。

4）综合机柜与底仓设计

智慧灯杆相配套的各类机柜在满足使用功能的前提下，按照"多柜合一，分仓使用"的要求进行整合，建立综合机柜。综合柜内部设置走线装置，分别用于通信线缆和电源线的布放，强电、弱电、信号分区走线，所有线缆固定件设置应合理、充分、方便操作。

6.6.4 总体建设方案

项目遵循"试点先行、全面铺开"的思路开展应用建设，首先通过划定一到两个示范区域进行试点建设，探索南部新城特色的智慧灯杆建设方案，打造市政基础设施数字化与智慧城市平台的建设标杆。随后在南部新城全面复制推广，高效集约化利用终端设备，构建新型城域感知网络，增强南部新城全域物联感知能力，结合 CIM 平台为上层总体规划智慧建造、智慧管养等应用建设提供数据服务支撑，从而升级民生服务体验，构建生态宜居城区，打造新型智慧城市城区建设示范。

南部新城智慧灯杆建设由智能设备终端、泛在感知网络、运行管理平台和应用场景定制化服务构成。

6.6.5 软件平台和综合管理平台设计

智慧灯杆融入"融合、共享、联动、智慧"的设计理念，南向由智慧盒对接各类物联网设备，实现对智慧照明、公共广播、一键求助、信息发布、智能安防、智能市政、环境监测等感知设备的统一管理、智能联动及数据分析。全部业务逻辑由平台进行统一汇总、处理、存储、分析、提炼、加工，使得各类感知设备所产生的信息数据传入平台，消除信息孤岛，使数据可以发挥更大的价值，从而促进智慧城市发展（图6-41）。

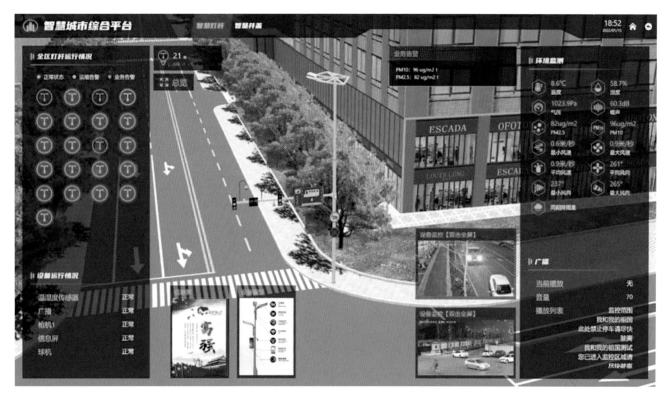

图 6-41　智慧灯杆可视化管理平台（图片来源：联通物联网有限责任公司）

运行管理平台支持对接城市信息模型平台，满足功能开发与对接需求，支持前端感知设备采集的IoT、图片、视频等业务数据共享，以及各场景应用新增功能的快速上线与发布，支撑南部新城智慧化应用的建设与快速推广。

智慧灯杆感知平台设计主要是采用 B/S 架构，使系统能集中部署分布使用，基于 MVC 设计模式。MVC 模式将系统分为三层，层与层之间通过一定的模式联系，使数据实体与业务逻辑、业务逻辑与页面展现之间分离（图 6-42）。

1）前端技术栈

①前端开发的基础技术包括超文本标记语言（HTML）、层叠样式表（CSS）和 JavaScript。

②前端框架采用现代的 JavaScript 框架，如Vue、React 等。

③前后端数据交互基于 JSON 格式。

2）后端技术栈

①采用多层分离，数据和业务隔离。

②采用业界成熟、流行的框架。

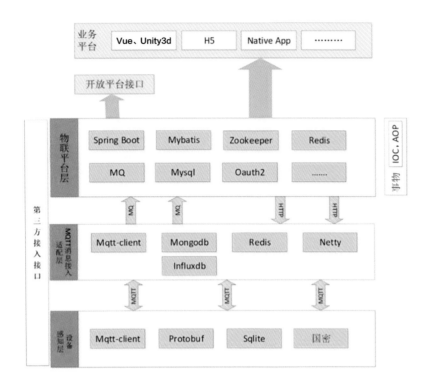

图6-42　智慧灯杆分层设计原则（图片来源：联通物联网有限责任公司）

6.6.6　项目建设和运营管理

图 6-43 为智慧灯杆建设过程示意图。

图6-43　智慧灯杆建设过程示意图（图片来源：联通物联网有限责任公司）

1）试点阶段

南部新城在卡子门片区与响水河沿河步道试点区域先行先试，建设集智能照明、视频监控、环境监测、5G 通信、信息发布等多种物联网感知终端于一身的集约化智慧杆，并将其作为城市物联感知的重要端口和载体。区域内配套建设成熟，合并杆体已建成。试点建设内容包括智慧灯杆一张图、智慧照明、信息发布等应用功能试点，以及智慧交通、智慧水务等应用的数据支撑（图 6-44）。

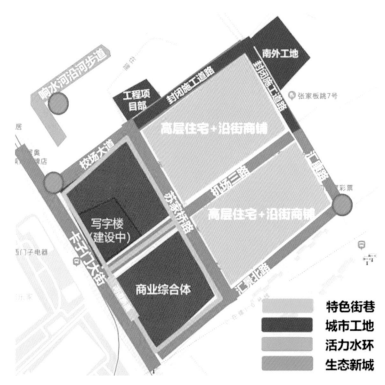

图 6-44　南部新城智慧灯杆试点阶段（图片来源：联通物联网有限责任公司）

2）建设阶段

随着南部新城建设进度的推进，项目组科学有序地使用城市道路空间，将智慧灯杆建设覆盖南部新城全域，进一步完善城市感知网络体系，推动城市基础设施数字化，打造支撑南部新城建设的物联感知网络。经过多次现场勘测，建设阶段一期现有 7 条道路在2021 年 10 月底完成灯杆建设（图 6-45）。

图 6-45　南部新城智慧灯杆建设阶段（图片来源：联通物联网有限责任公司）

3）运营阶段

以基于智慧灯杆的物联感知网络为依托，实现了城市部件的自动预警、远程升级、一体化运管，减少了重复巡视的人力和车辆消耗，降低了城市基础设施运营维护成本，提升了运营管理效率。

4）运营管理

路灯管理处、未来城市与南部新城集团公司合资组建南部新城智慧灯杆建设运营公司（以下简称"智慧灯杆公司"），负责以灯杆为载体的智慧终端设施及其预埋管网（用于网络及电力管线）的投资和运营管理，由联通物联网有限公司负责相关智慧挂载设施的软硬件系统集成建设，并等比例享有运营收益权。

南部新城管委会作为需求方之一，负责基于南部新城实际运营及管理需要提出终端可挂载于灯杆的数据感知需求，包括道路交通信息捕捉服务（车辆统计、拥堵识别、特种车辆信息识别等），市政监管服务（越界出摊、垃圾桶满溢等），河道监控服务（越界监测、漂浮物识别等），信息发布服务（可视化信息发布及广播发布等）。

联通物联网有限公司作为智慧灯杆项目的承建方，负责根据管委会需求承建管委会投资部分的智慧化挂载设施及数据传输、处理、存储、共享系统及展示平台，并充分考虑灯杆数据系统及展示平台与南部新城智慧城市项目的数据系统及平台的兼容性，数据规划及功能展现的统一性。

智慧灯杆公司作为数据资产的所有方，负责挂载智慧化设备设施及平台系统的运营维护，并对灯杆挂载的设备设施进行市场化运营。双方投资主体共同推动向南部新城管委会，市、区相关需求部门，国资集团，运营商等市场主体的数据服务。

6.6.7　项目风险及效益分析

1）项目风险分析

① 当前试点区的智慧灯杆业务的体量较小，且需要随着道路、河道、公园等设施建设开放的进度逐步建设，难以支撑一个公司的持续运营。

② 管委会或其他主管部门采购智慧灯杆公司的数据服务面临采购方式、服务定价等问题的研究。

③ 新注册公司可能面临缺少业绩和资质的问题，存在一定的通过公开招投标的方式完成采购的风险。

2）项目效益分析

智慧灯杆公司作为灯杆挂载设备的运营方，承担设备及系统维护的成本并享有设备及数据运营的收益，主要收益初步梳理可包括但不限于以下三方面：

（1）服务于 G 端客户的收益

按照相应的要求实施工程，提供一体化服务。

① 智慧灯杆的设施维护收入。主要指除路灯外，其他多种智慧设施的运维收入，可参照相应定额。

② 数据服务收入。通过挂载的感知终端为南部新城其他智慧应用提供数据服务，如提供视频数据给智慧交通应用。视频类的数据，通过加工提供给规资、城管等部门，以及相应管线单位。除此之外，还可考虑将其他运营过程中积累的不涉及隐私且经脱敏后的数据如环境监测数据，提供给管委会以外的政府主管部门。

③ 一键告警等便民服务收入。需要说明的是，该项收入对应的费用的发生和归集情况暂不明确，具体项目中也可能将一键告警作为公益性功能，而并未有该项收入。若有则应该是由民政部门支付给智慧灯杆的投资运营主体。

（2）服务于 B 端客户的收益

① 微基站租赁收入。该项目收入指的是运营商企业在灯杆上挂载 5G 微基站而支付的租赁收入。

② 管网租赁收入。将预埋管网空间或网络电力资源提供给其他智慧设施的承建方使用并计费产生的收入。

③ LED 信息发布广告。由投放广告的主体支付，多为企业，也有其他机构。

④ 停车管理收入。智慧灯杆可对道路停车情况进行监测，实现智能停车管理的部分功能，因此可获得停车管理公司或其他相关单位支付的管理收入。

（3）服务于 C 端客户的收益

① 充电桩收入。智慧灯杆配置充电桩后，消费者使用时将支付相应的充电收入。

② Wi-Fi 收入。可通过建设无线局域网提供临时无线网络给社会公众获取收入。

6.6.8　项目经验总结

南京南部新城智慧灯杆建设通过垂直多用途架构设计在路灯界面嵌入各式设备，达到灯杆主动服务居民、解决市民生活问题的目的。同时，实现与城市管理各方的信息互通，优化各类监测数据收集，有效实现城市监控以及提供数据支持等工作。智慧灯杆建设过程中，建设方始终坚持"先人后事"的理念，注重

从人们的需求出发解决问题，将提升人民幸福感作为城市管理、城市服务的先导，而不是优先解决城市设施的问题。智慧灯杆建设涉及多个行业领域，有利于打通城市公共服务、城市安全管理、城市信息通信等行业，形成城市智慧管理并提高城市公共综合服务效能，这种品质的城市公共服务将有利于促进城市良性发展，推动城市的现代化建设。

6.6.9　项目实景

图 6-46 为项目实景。

图 6-46　现场实景（图片来源：联通物联网有限责任公司）

6.7　智慧城市中的智慧灯杆经典案例集锦

6.7.1　郑州市金水路与商都路道路改造

郑州市一环路是最早的郑州环城路，也叫郑州内环路，2021 年郑州市自然资源和规划局公示了郑州市"一环十横十纵"示范街道整治提质工程规划方案，

希望在保留一环道路原有特色的基础上进一步优化市民的出行环境，提高道路通行效率。

其中金水路、商都路的智慧改造正是"一环十横十纵"工程中重要的一环，改造工程自 2021 年 4 月起至 2021 年 7 月止，欧普道路照明有限公司（以下简称"欧普照明"）抓住当地道路上各类杆体林立、功能杂乱、统一管控困难等痛点，针对性地进行灯杆综合化、智慧化改造，共使用智慧灯杆 700 余套，加装了超 1 300 个智能单灯控制器，不仅改善当地照明效果，方便群众出行，还提高道路环境整体水平。此外，智慧系统的接入更是提高郑州当地市政道路管理的水平，为整个城市智慧化管理打下坚实基础。此次改造中，共计使用了 1000 余盏北斗星 LED 路灯，该产品采用专业道路照明透镜，能有效改善光污染，此外配备的高精度驱动电源大大提高了电网利用率，为建设绿色低碳的智慧城市做出了重要贡献。北斗星 LED 路灯能够适用于主干路、快速路、高速公路等各种类型的支干道路，应用范围广，实用性高（图 6-47）。

图 6-47 项目现场实景（图片来源：欧普道路照明有限公司）

6.7.2 宁波市鄞州区首南中路智慧路灯示范路

该项目是宁波市首条智慧灯杆全覆盖的路段。此前道路原有各类杆体 80 根，但灯具设备老化严重、光线昏暗、功能单一、杆体林立等情况已无法满足城市的发展需求，急需更新升级。以此为契机，宁波市鄞州区综合行政执法局市政设施保障中心对路面杆体进行全面梳理，鄞城集团进行统一规划、投资、建设、运营和管理，最终将 80 根杆体整合为 34 套智慧灯杆，通过挂载杆体前端设施、建立后台管控平台等方式实现"多杆合一"。建成后的灯杆集智慧照明、视频监控、5G 微基站、无线网络覆盖、交通管理、信息发布、信息交互、环境监测、机动车充电等功能于一体，通过挂载在杆体前端的设施同后端数字管控平台的有效联动，实现全路段的智能化管理。

项目所研究的技术拥有国际专利算法上的融合和创新，与国际物联网先进技术同步，能够推动国际化标准的协调与架构应用，促进中国标准与国际标准互用性和管理标准程序的融合。

该项目已于 2020 年建成并投入使用。实现了道路沿线地上、地下空间的充分整合，项目搭载的各种设备和传感器采集的数据脱敏后传送到"鄞州区智慧灯杆数字孪生平台"，可通过数据平台开放共享实现城市运行数据的互通，提高城市管理的精准度，催生出更多跨行业创新应用，为数字经济提供重要载体（图6-48）。

图 6-48 项目现场实景（图片来源：浙江方大智控科技有限公司）

6.7.3　北京市怀柔区道路改造

　　龙腾照明集团股份有限公司（以下简称"龙腾照明"）承接的是北京市怀柔区怀柔新城杨雁路（大秦铁路—京密路）道路改造工程照明工程二标段。杨雁路位于怀柔科学城中南部，是经京承高速来往科学城的骨干道路。在该项目道路照明改造工程中，龙腾照明突出四大亮点，将文化定制景观路灯、智慧灯杆、智慧照明以及 5G 充分结合运用在智慧灯杆上，对称布置了拥有智慧照明、交通信号灯、治安监控、LED 信息屏、环境监测、Wi-Fi 等集成功能的智慧路灯。

　　在功能上，龙腾照明对智慧灯杆进行了提升优化，实现了照明、交通、安防、气象、环保等公共设施的多功能合一，并预留了 5G 基站建设基础设施，运用现代互联网，大数据云计算、物联网、移动互联网、区块链、人工智能等新技术，加快城市信息化进程，注重城市的空间布局和地理信息系统应用等，以此提升城市综合竞争力，提升市民的便捷感、安全感、获得感、参与感和幸福感（图 6-49）。

图 6-49　项目现场实景（图片来源：龙腾照明集团股份有限公司）

6.7.4　高邮市智慧城市项目落地

　　高邮市为构建"5G+ 基建"共赢新生态，迎合当下的基建风向，推动了高邮屏淮路、中心大道、海潮路等智慧路灯项目的落地。

　　高邮路灯项目是一个多功能集聚的智慧路灯项目，也是高邮城市建设十大重点项目之一，使用了 200 多套太龙智显科技（深圳）有限公司（以下简称"太龙智显"）P3.846 型号的 LED 灯杆屏，显示面积为 800 mm×1 600 mm。该项目打破了传统照明的掣肘，以 5G 微站接口预留、智慧照明、视频监控、IP 广播等为配套，改造着重在科技创新，实现高速路上广告牌减量增效的目的，太龙智显据此给屏淮路制定的升级方案也围绕高新科技，呈现新的体验，开辟了江苏高邮城市智慧的新布局（图 6-50）。

图 6-50　项目现场实景 [图片来源：太龙智显科技（深圳）有限公司]

6.7.5　中山市古镇与水线路段智慧路灯示范工程

　　古镇与水线（星光联盟至曹三五金城路段）将原有 60 套路灯更换成智慧灯杆。升级后的路灯设施与大数据、5G 等配套设施建设相融合，实现路灯杆革命性功能拓展，为"新基建"的落地和古镇灯饰产业制造基地建设贡献整体路灯方案。

　　全路段共 1.57km，灯杆设计图纸自行设计。其中带 5G 微机站的 2 套，带充电桩的 3 套，显示屏安装 29 套，摄像头安装 11 个，监控指挥中心位于古镇

镇双子星 Ａ 座内，目前，该路段集智慧照明、互联网信号全覆盖、视频监控、显示屏信息发布、环境监测等复合型功能于一体，根据实际需要还可增加 5G 微基站、充电桩等功能模块实现多种用途（图 6-51）。

图 6-51　项目现场实景（图片来源：中智德智慧物联科技集团有限公司）

6.8　智慧城市中智慧灯杆的总结与展望

在生态环境方面，智慧杆塔通过共享和智能化大幅降低了市政设施的能源消耗。杆塔采集到的环境信息可以用于城市噪声及污染防控，促进绿色协调发展。

在社会和谐方面，智慧杆塔作为信息化的公共基础设施，在促进多个行业领域共同发展的同时还为城市居民提供安全保障及便捷的生活服务，使城市更加宜居，社会安全稳定。

在城市面貌方面，智慧灯杆可以大幅度减少城市地面设施的繁杂度，做到实用、美观、简约、大方。灯杆外观可进行主题化设计，从而更好地体现城市特色。

随着我国智慧灯杆产业的首个国家级标准正式实施，智慧灯杆也将迎来更加广阔的发展空间，从而推动智慧城市建设向更高层次迈进。

灯杆智慧升级，全面赋能智慧城市蝶变，从最初的手动开关到自动开关，从简单的照明功能到如今的多功能路灯，这一系列的变化让智慧灯杆肩负着更多智慧城市建设的使命。在 5G 等信息通信技术的加持下，每一个灯杆都会成为智慧城市的神经元，它们每时每刻都在将各类信息的数据汇集到城市"大脑"中，让城市有温度、更智能。革新城市运维管理手段，便利民生，智慧灯杆建设将持续推进，并可能朝着以下方向迈进：

① 数字政府：智慧灯杆将是未来物联网信息采集的重要来源。城市拥有大量的路灯，是最密集的城市基础设施，便于信息的收集和发布。以路灯互联带来的解决方案，在路灯杆上诸功能元为基础切入点切入智慧城市业务，并逐渐成为现代化城市管理新的突破口，也是打造"数字政府"的有效途径。

② 智慧交通：在 5G、AI 等技术的助力下，路灯还化身为具有"智慧"的交通辅助设备，助力城市交通的现状改善。通过实时感知城市道路中的车、人、物变化情况，智慧路灯便可辅助车辆做出驾驶决策，实现了自动驾驶信息的低延时，行驶的高安全。简单而言，智慧路灯网络让自动驾驶汽车有了"千里眼"和"顺风耳"。

③ 城市防涝：借助智慧灯杆的强大功能，可以实现城区雨污水全过程监管。水利部门可以借助该系统整体把握整个城区内涝状况，及时进行排水调度，并且可以借助智慧灯杆的原有设施实现预警信息 LED 屏展示、视频监控、音柱告警等一系列功能实现安全预警。

智慧灯杆的大规模部署已然成为智慧城市的一种体现，也被认为是智慧城市建设必不可少的一环。

第 7 章

智慧园区中的
智慧灯杆经典案例

7.1　智慧灯杆需求分析

智慧园区是智慧城市在一个小区域范围内的缩影，通过利用新一代的信息技术与通信技术来感知、监测、分析、控制、整合园区各个环节的资源。

智慧园区的照明应使用智慧化的技术实现园区照明的节能、健康和舒适。近年来在国家智慧城市新型基础设施建设的政策推动下，5G 智慧路灯以路灯杆为载体，整合园区各类设备设施资源，通过集成化的数据接口采集园区运营、管理、服务的大数据信息，为园区管理部门提供了强有力的数据支撑。

通过智慧灯杆的建设，对园区道路及周边的多种设施进行整合，将原本杂乱无章、各成体系的通信设施、监控探头等集成到智慧灯杆中，既美化了道路和园区环境，又避免了基础设施的重复建设与协议接口的不兼容，同时，资源整合和集约化管理也节约了建设投资，降低了维护和使用上的资源投入。对城市智慧园区道路、智慧灯杆及配套基础设施的统一建设和改造，提供了一个搭载智慧照明、无线城市、平安城市、环境监测、智慧充电桩管理等多业务的智能平台，彰显了智慧化的核心理念，契合"智慧城市园区建设"的产业发展布局。

对于不同的园区，智慧灯杆也是园区文化和形象展示的窗口，可以结合园区特色因地制宜地设计不同的项目解决方案。

7.2　冬奥村智慧园区灯杆项目

7.2.1　项目概述

北京冬奥村位于北京市奥体文化商务园，紧邻北京国家奥林匹克体育中心，共 20 栋住宅，总建筑面积 33 万平方米，分为广场区、居住区和运行区三部分。为了贯彻新发展理念，在践行"绿色、共享、开放、廉洁"的办奥理念下提升冬奥村的服务保障能力。"智慧方案"以智慧冬奥为核心思想，利用互联网技术，将冬奥村的各个环节联动起来，造就从娱乐到休憩的每个环节都高度精细化、精致化的"赛时公寓"，在充分展现中国制造实力的同时，给国际社会以满意的答复，助力提升城市旅游资源的经济效益。

7.2.2　项目设计

智慧灯杆网络架构包括感知层、网络层和应用层。感知层包括灯控器、无线 AP、环境监测传感器等。网络层包括 Zigbee、LoRa、NB-IoT、Cat.1 等。应用层包括基础管理模块、大数据和人工智能模块（图7-1）。

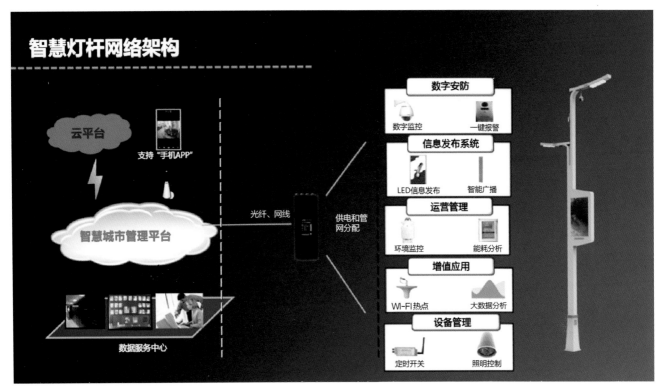

图 7-1 智慧灯杆网络架构（图片来源：上海顺舟智能科技股份有限公司）

7.2.3 项目建设与运营管理

从图 7-2 中，可以得到以下几个关键点：

① 照明系统应用包含对灯杆系统实现智能监控管理，支持远程及现场的方式实现回路控制。

② 系统支持闪测功能，可通过设置参数来控制开关灯的次数和循环的频率，便于查找实际线路上该终端的位置，系统支持特选功能，支持任何一个设备进行特选选定。

③ 系统支持在线用户查看，系统支持对某一项目进行锁定，锁定后其他用户无法使用该项目。

④ 告警信息应可以通过上位机实现声光电告警，还可通过手机短信、电子邮件、微信等方式发送。

⑤ 系统全局线控组，支持同一集中器或者不同集中器下的回路任意分组，并进行定时任务控制，系统

全局终端组，支持同一集中器或者不同集中器下的单灯任意分组，并进行定时任务控制。

⑥ 系统可远程实现单灯控制功能，能够实现单灯开（关）灯、单灯调光功能，可远程查询和测量单灯的运行状态。

⑦ 系统支持广播控制、组播控制、单播控制、时间控制器、光照控制器、经纬度、"时间控制器 + 光照控制器""经纬度 + 光照控制器"等控制方式。

⑧ 系统的能耗统计，系统支持对用电的能耗统计必须以图形界面的多种呈现方式。

⑨ 历史数据记录，系统对单灯控制、配电柜回路控制、策略自动的所有数据进行记录，保存时间至少要有 10 年。

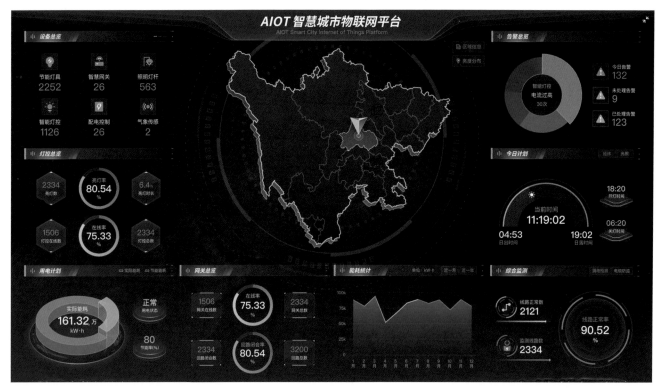

图7-2 智慧灯杆系统管理界面（图片来源：上海顺舟智能科技股份有限公司）

⑩ 系统支持修改 365 天的开关灯时间策略，同时也可以根据经度、纬度输入生成数据表格。支持经纬度批量修改，支持经纬度时间偏移。系统具备脱机运行功能，当前端设备与中心失去连接，终端设备自动按照既定策略执行开关灯，不影响亮灯。系统支持用户在户外如遇到危险时可通过求助告警设备和中心平台的负责人进行对话，从而起到实时联动作用。系统有环境监测终端，并能将数据实时接入中心。

LED 多功能显示屏。系统支持集成单色、真彩色等多种户外 LED 显示屏进行远程信息发布，支持文字、图像、视频等多种媒体，可对连接的 LED 屏推送信息，形成全方位多角度信息覆盖，便于运动员及时接收相关的赛事信息。

移动 APP 控制，控制系统必须自带 APP，可在移动终端上对灯杆进行监控和控制。

集中控制器、单灯控制器、照明控制系统软件系统须为同一品牌。

7.2.4　风险及效益分析

1）风险分析

由于项目的复杂性和特殊性，与会的运动员及团体来自不同国家和地区，在生活习惯和文化上存在很大的差异，对于智慧灯杆播放的音频文件及信息发布屏上发布的一些图片视频都需要做到认真全面的审核，避免造成不良影响。

2）效益分析

该项目对比传统智慧灯杆项目具有特殊意义，其作用更多的是为居住在冬奥村的居民们提供更高的舒适度和便捷性，让村民们能够完美的适应新的生活环境，从而达到最完美的竞技状态。

冬奥村道路照明部署了以智慧灯杆为核心的智慧社区解决方案，遍布冬奥村内 113 杆智慧灯杆上的智能网络摄像机对采集并传回视觉智能管理中心的数据，进行分析处理、计算，最后形成解决方案。利用视觉智能管理可以精准定位人、车、物的位置，对行为、物品、车辆等状态进行综合分析和处理，实现可视、可控、可管的管理需求，加强安全保障，提升居住体验，提高管理效率。

根据冬奥村内的道路情况，建设方精细化地部署了智慧灯杆的安装位置，项目最终成果可以让冬奥村内的工作人员、运动人员方便地从智慧灯杆的信息发布屏上获取实时信息。同时，智慧灯杆上的信息发布屏还是一个多功能载体，将利用位于智慧灯杆顶端的多功能传感器采集的数据及时展现、发布在信息屏幕上。运动员能够根据天气及时调整运动状态。

该项目中的智慧灯杆集成了智慧对话系统，每座灯杆上都含有智慧语音通话系统，一旦冬奥村内人员遇到困难，只需要按紧急呼叫按钮就可以与运维保障后勤进行实时通话，后勤保障人员可以第一时间出现在求救人员身边，解决问题的同时又提升了效率。

7.2.5　项目亮点和经验总结

1）项目亮点

① 外形设计上：充分考虑了与冬奥村周边环境的融合及入住居民的多样性，整体设计沉稳又具有科技感。

② 智慧功能上：整合多种功能，实现 Wi-Fi 通信、公共安全、智慧照明、环境监测、信息发布、紧急对讲、视频直播等典型业务应用，大大方便了冬奥村居民在入住时间内的生活。

2）经验总结

① 建设方：对参与项目建设的成员来说，这是一次宝贵的体验。从项目的前期设计配合到项目建设开展，再到项目的稳定运行，建设方积累了宝贵的经验，尤其该项目是国际赛事类项目，随着中国在国际上的影响力的提升，相信后面会有越来越多这样的大型赛事类项目，这些经验的积累，使建设方有能力参与建设更多的类似项目。

② 技术沉淀：通过对这次项目运维过程中数据的积累以及对这些数据的挖掘，为下一代产品的发展甄选了方向，不断完善硬件产品和软件产品的性能。

③ 国家形象：2022 年冬奥会是一次历史性的盛会，不仅为中国体育事业和国际奥林匹克运动注入了新的活力和动力，也为世界范围内的交流合作搭建了更加广阔的平台。

7.2.6　项目实景

图 7-3、图 7-4 为项目实景。

图 7-3　项目实景角度一（图片来源：上海顺舟智能科技股份有限公司）

图 7-4 项目实景角度二（图片来源：上海顺舟智能科技股份有限公司）

7.3 苏州市高铁站苏州北站智慧灯杆项目

7.3.1 项目概述

项目位于江苏省苏州市相城区的苏州北站，是中国铁路上海局集团有限公司管辖的一等站，也是整个苏州地区重要的交通枢纽。

本项目共计 13 套智慧灯杆，其中 6 套位于紫光大厦南面水街，7 套位于文旅大厦北面水街。融合了物联网、大数据、边缘计算等先进技术，通过在智慧灯杆搭载 Wi-Fi、LED 照明、摄像、广播、信息发布、充电、环境监测、一键告警、灯光投影等设备，实现站前广场的智慧化升级。利用人工智能等技术优势减少了城市管理中的能耗，提升各个系统间的联动指挥、协同工作，在照明控制、设备运行和人流监控、功耗管理方面实现了精细化管理。

7.3.2 需求分析

1）管理智慧化需求

基于智慧灯杆综合管理平台，打造集安全、舒适、服务于一体的综合管理平台，实现运营、运维管理平台化，设备控制智慧化。

2）数字可视化需求

采用数字孪生技术，实现智慧灯杆应用场景、真实场景还原、照明控制数据、视频监控数据、人流车辆分析数据、环境数据、信息发布数据、安全告警数据、设备管理数据等三维可视。

3）建设经济化需求

充分利用智慧灯杆的区域分布密度优势和超强的集成能力，降低建设成本、管理成本和运维成本。

4）形象提升需求

一方面改善道路通行，提升广场安全和服务质量。另一方面提升广场科技感，切合广场智慧化、数字化建设的理念和灯杆项目的定位。

本项目通过搭载视频监控、一键告警、广播、信息发布等设备构建安全管理一体化。通过融合物联网、大数据、边缘计算等技术构建数字信息一体化。通过提供 Wi-Fi、信息发布引导服务、精准营销推送、广告定向投放引流、活动预热等服务构建商业服务一体化。通过实施 24 小时实时的气候环境监测与提醒，科学智能的照明控制与调节，音乐广播氛围渲染，安防监控全覆盖等措施构建娱乐出行一体化。

5）照明需求

智慧灯杆全部采用 LED 照明，既可实现单灯控制，又能实现组合场景控制，同时可预设置多种控制模式，适用于天气突变、季节变化等多种场景。远程智能控制方式为 24 小时实时在线监控管理，故障告警及时通知，大大提高乘客及站内服务人员的舒适性。

6）Wi-Fi 网络、5G 微基站需求

智慧灯杆全部搭载了 Wi-Fi 接入点，可以实现广场 Wi-Fi 全覆盖。

为了保障后期运营的顺利开展，避免重复建设和资源浪费，智慧灯杆预留了 5G 微基站安装点和连接所需线路接口，运营商可根据广场人流量和原建基站的承载能力选择是否以增加微基站方式增加接入点的数量。

7）安防需求

苏州北站作为苏州市对外的门户，人流量大，人员复杂。为了保证社会治安以及人民财产安全，提高公安部门打击犯罪的精准快捷度，降低办案成本，公安部门提出了"社会治安动态化监控"的理念，对视频监控进行了公安意义上的定义。本项目通过在智慧灯杆搭载视频监控设备对人流和车辆的监控，利用 AI 技术实现人脸、性别、年龄、穿着特征、行为等识别分析，并对车牌、车辆特征、车辆违停等识别分析，对可识别确认的犯罪人员综合管理平台可实现联动告警，实现广场的安全监控管理。

8）气候环境监控需求

智慧灯杆通过搭载气候环境监控设备，实时在线监测苏州北站的 PM2.5、PM10、温（湿）度、噪声、风速、风向、气压、降雨量。对天气、环境突变时公共广播系统和信息发布系统可以及时的提醒旅客及周边人员做好防范，及时进行天气预报和预警机制，可以避免突发恶劣气候造成经济财产和人员伤害等损失。

7.3.3 项目设计

1）设计方案

（1）可靠性

及时发现设备故障，及时反馈到综合管理平台，对可能存在的风险进行及时告警，保障设备长期稳定可靠。

各硬件设备发生故障时可及时将故障点反馈至综合管理平台。

综合管理平台可以对硬件因长期使用造成的老化现象进行预判，并将判断结果反馈给管理人员，以减少因硬件损坏而造成的系统部分功能瘫痪，从而保障了整个系统长期稳定的工作。

综合管理平台可以根据电子地图功能快速定位灯杆的相对位置，便于管理人员快速反应。

（2）安全性

包括结构安全、用电安全、网络信息安全、防雷安全等。

（3）扩展性

系统：采用 B/S 架构，跨平台应用，方便维护、升级。

用户管理：可添加删除用户账户并设定其角色，每个角色权限范围可自定义，包括功能权限和操作终端权限。

集群服务器：支持集群分布式服务器，实现终端大规模扩容。

软件开发工具包（SDK）：提供 SDK 二次开发包与其他系统平台集成整合，第三方软件可直接控制对讲和广播并接收终端当前状态与监控系统配合，可由监控系统控制通话开关或通话时自动切换监控画面。

（4）准确性

应确保智慧灯杆各类设备运行数据的实时性和准确性，智能照明开关灯时间根据每天不同落日时间的准确性，视频图像对现场事件记录的准确性等。

综合管理平台可以根据时区精确的日落时间及灯杆上安装的照度传感器综合判定开灯的时间点，并开启照明灯光。

监控设备在其有效的可视范围内对发生变化的场景进行抓拍，并将抓拍结果自动上传至综合管理平台，平台对其进行判断后将结果和位置信息通知到管理人员，以增加管理人员对意外事件的反应速度。

2）设备供电设计

通过智能网关给智慧灯杆中的控制终端供电，智能网关具备 3 路 AC 220V 供电，1 路 DC 12V 供电、1 路 DC 24V 供电，4 路 POE，满足所有终端设备的统一供电需求。

灯杆照明供电通过布置单独的照明电缆做单独的照明回路，以便后期管理部门的单独交付运维。

3）功能设计

智慧灯杆在站前广场分布均匀，既具有基本的照明功能，也可成为其他集成设备的载体。

本项目智慧灯杆所具有的功能见表 7-1。

表 7-1　智慧灯杆功能配置

灯杆序号	Wi-Fi覆盖	智能照明	视频监控	智能广播	LED屏幕信息发布	充电设备	环境监测	一键报警	灯光投影
1	●	●	●	●	●	●	●	●	●
2	●	●	●	●	●	●	●	●	●
3	●	●	●	●	●	●	●	●	●
4	●	●	●	●	●	●	●	●	●
5	●	●	●	●	●	●	●	●	●
6	●	●	●	●	●	●	●	●	●
7	●	●	●	●	●	●	●	●	●
8	●	●	●	●	●	●	●	●	●
9	●	●	●	●	●	●	●	●	●
10	●	●	●	●	●	●	●	●	●
11	●	●	●	●	●	●	●	●	●
12	●	●	●	●	●	●	●	●	●
13	●	●	●	●	●	●	●	●	●

注：●表示有此功能，○表示无此功能

智慧灯杆包括终端设备、服务端，通过有线（无线）的信号传输来满足系统功能的实现。

终端设备包含各类传感器、摄像头、LED 信息屏及 LED 灯具等具备信息采集、显示功能的硬件设备。

服务端采用本地服务器集群，提供系统软件接口服务及各应用系统功能，用户可通过个人电脑、移动设备进行访问。

4）点位分布设计

本项目共计 13 套智慧灯杆，其中 6 套位于紫光大厦南面水街，7 套位于文旅大厦北面水街。具体布置如图 7-6 所示。

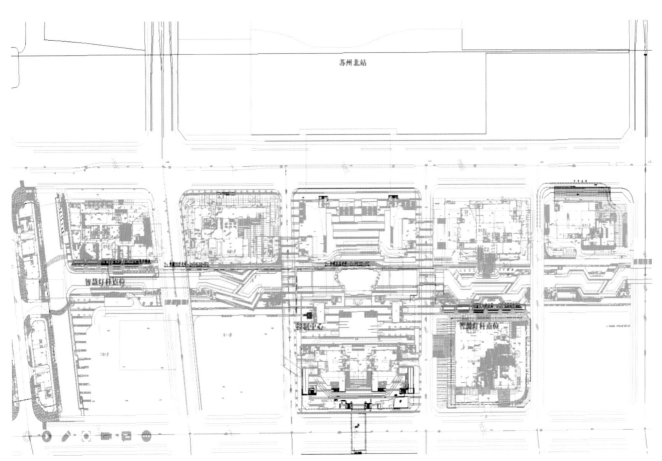

图 7-6　智慧灯杆点位分布平面图（图片来源：豪尔赛科技集团股份有限公司）

5）系统架构设计

搭载不同功能的智慧灯杆通过光纤网络连接总控平台中心，平台可实现对智慧灯杆的整体控制和单节点控制，各市政单位可以通过互联网实现平台与平台之间的对接，实现监控信息、交通信息、市政信息等数据的获取和城市智慧控制（图 7-7）。

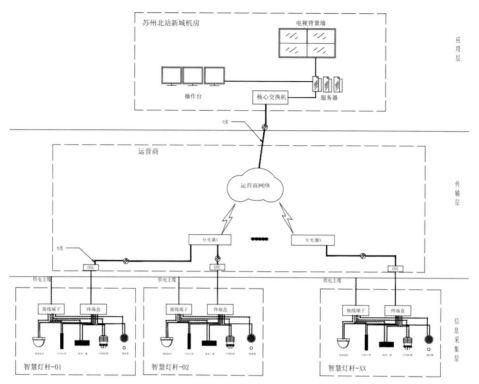

图 7-7 智慧灯杆系统图（图片来源：豪尔赛科技集团股份有限公司）

6）综合管理平台设计

可视化综合管理平台：在园区全局地图中显示智慧灯杆分布，可全局查看数据信息。

信息管理：点击地图上智慧灯杆图标，查看集成在该灯杆杆体上的智能设备的全部信息，包括智能照明、视频监控、信息发布、方向指引、人流量统计、Wi-Fi覆盖、公共广播、紧急呼叫、坐标定位、环境监测。

应用管理：可视化的平台展示页面具备平台登录界面、5G基站运营管理模块、资产管理模块、运维派单模块、资源租赁管理模块、数据展示汇总模块、智能照明管理模块、监控视频管理模块、广播喊话管理模块、信息发布管理模块、GIS电子地图模块以及5G基站信息化管理模块等功能（图7-8、图7-9）。

| 平台登录界面 | 5G基站运营管理模块 | 资产管理模块 |

| 运维派单模块 | 资源租赁管理模块 | 数据展示汇总模块 |

图 7-8 智慧灯杆综合管理平台界面汇总一（图片来源：豪尔赛科技集团股份有限公司）

智能照明管理模块　　　监控视频管理模块　　　广播喊话管理模块

信息发布管理模块　　　GIS电子地图模块　　　5G基站信息化管理模块

图 7-9　智慧灯杆综合管理平台界面汇总二（图片来源：豪尔赛科技集团股份有限公司）

7.3.4　项目建设

1）建设进度安排

本项目合同约定建设周期为 60 个自然日。自 2019 年 11 月 11 日至 2020 年 1 月 9 日，期间对灯杆点位进行了踏勘确认以及灯杆功能和样式确认。同时开始敷设管线。但因基建项目的总体建设进度以及疫情等不可抗拒因素，至 2021 年 5 月才完成竣工验收。

2）管理平台部署

智慧灯杆综合管理平台部署于水街 D 区的苏州北站新城中央控制室。

3）数据接入

智慧灯杆数据通过有线光纤接入苏州北站新城中央控制室智慧灯杆综合管理平台，智慧灯杆数据可在综合管理平台上显示。

7.3.5　运行管理

业主单位负责智慧灯杆、挂载设备及配套设施的管理。包括人员管理、资产管理、照明管理、5G 微基站运营管理、监控视频管理、信息发布管理、运维管理、数据管理。并针对本项目成立专业的管理部门，明确部门负责人、专业技术人员，且配备相关物资。

智慧灯杆综合管理平台预留了与政府主管部门相关的数据接口与其建立信息渠道共享机制与事件联动机制，实现对智慧灯杆的运行、维护、故障和预警等信息的实时反馈，对突发事件与紧急情况及时上报且能及时处理等功能。

1）人员管理

业主单位组建了一支有知识、有能力、具备相关专业和较高职业道德的专业技术人员队伍，以适应现有设备的管理及使用要求。并建立了相关专职人才的培训机制，定期培训，通过考核选拔具备专业知识和专业技能的技术人员上岗。使其能准确、有效地处理故障问题及突发事件，确保整体系统的正常运行。

根据综合管理平台已有的告警数据统计分析，对故障问题点进行归类，结合厂家技术指导，找出产生问题的根本原因，对频繁发生的问题点及时做好备件以及备选处理方案，防患于未然，提高维修效率。

对智慧灯杆的维护应确保无倾斜、无破损、各部件连接可靠、部件齐全、接地可靠有效，室外机柜无破损、外观整洁、设备工作正常、接地可靠有效，明确智慧灯杆挂载设备工作是否正常。

中心机房设备维护，检查并登记机房内服务器、路由器、交换机等设备的运行状态，查看是否出现告警提示状况。检查机房环境参数包括温度、湿度、电源电压等是否在正常范围内工作。检查是否有软件更新信息，如有提示需向相关技术人员提交升级计划，在得到批准后可按计划执行。检查计算机防病毒软件，包括防病毒软件版本、病毒库更新情况、病毒查杀情况。对重要数据进行备份计划，将备份的资料进行统一管理，并对其还原性进行验证。

2）智能照明管理

智慧灯杆采用LED照明，可调节亮度，节能环保，既可实现单灯控制，又能实现组合场景控制。可预置多种控制模式，适用于天气突变、季节变化等多种场景。远程智能控制方式，既能提高照明工作效率，又能提高能源使用率。24小时实时在线监控管理，故障告警及时通知，线上运维、巡检可大大提高运维管理工作效率和质量。

3）5G微基站运营管理

智慧灯杆搭载的Wi-Fi接入点能实现园区内Wi-Fi全覆盖，确保园区内随时随地网络畅通。客流数据统计与分析，时刻掌握园区内人流密度和分布区域。数据深度挖掘，结合大数据分析应用，辅助商户精准推送营销消息。

4）监控视频管理

为保证社会治安以及人们财产安全，提高公安部门打击犯罪的精准快捷度，降低办案成本，我国公安部门逐渐提出"社会治安动态化监控"的理念，对视频监控进行了公安意义上的定义，视频监控越来越广泛地应用到公安实践中。社会治安视频监控的真实直观性在诉讼过程中有着强大的说服力和公信力，而智慧灯杆搭载的视频监控装置的AI识别功能可实现人脸、性别、年龄、穿着特征、行为等识别分析。也可对车牌、车辆特征、车辆违停等识别分析。通过AI图像分析实现园区安全监控管理，直观地了解和掌握治安动态。也可以根据监控系统对犯罪人员识别的结果进行联动告警处理。

5）信息发布管理

可在智慧灯杆屏幕上发布新闻、公益广告、商业广告等信息。

6）设备管理

当设备有损坏或者有异常情况时，可以自动发布信息到智慧灯杆综合管理平台，平台可以将信息发给就近的维护人员，对智慧灯杆进行检查维护或者修理，直至异常解除。

7）数据管理

通过在网络边界部署访问控制设备启用访问控制功能，数据在传输过程中进行加密处理；同时在数据传输过程中实现监测数据完整性，并针对信息发布屏等特殊的信息传播设备，采用断网离线式操作。

7.3.6 风险及效益分析

1）项目风险

（1）多系统不兼容风险

本智慧灯杆含有的功能：Wi-Fi覆盖、智能照明、视频监控、智能广播、LED屏幕信息发布、充电设备、环境监测、一键告警、灯光投影等。各种功能都是一个子系统，都有各自的协议和算法，如何将各种功能在平台上实现数据的互相识别流通是一个十分复杂的工作，影响系统搭建和数据流通。

（2）多管理部门协同风险

智慧灯杆的顺利实施建立需要多个管理部门协同，对外需要业主单位及设计单位确定智慧灯杆的外观样式和功能，同时需要监理单位对施工工艺和施工规范进行确认。现阶段，综合智慧灯杆上的功能模块涉及公安、气象、交通等不同部门。加强不同行业和职能部门之间在日常运行、维护等方面的协同是当前智慧灯杆建设和运维需要重点加以考虑的问题。各部门间只有相互协调沟通并达成一致的意见，才能实现不同平台之间的数据对接，这将影响项目的建设周期及部分功能的使用。

（3）信息安全风险

当智慧灯杆综合管理平台运行一段时间后，平台数据会越来越多，对于平台管理人员来说，如何高效地进行备份以保证数据安全以及如何确保备份介质的可用性成为摆在其面前的一个难题。同时在备份的时候缺少一定的备份策略，如哪些内容需要备份，哪些内容不需要备份没有明确规定。另外，对于机房管理没有固定的人员安排，权限随意开放，缺少进入机房人员登记台账等；缺少管理要求和标准，存在信息安全风险。

2）效益分析

（1）经济效益

智慧灯杆综合管理平台基于智慧灯杆智能硬件，实现对园区等区域的服务与管控，实现设备之间的信息互通和共享，将分散的各智慧化应用系统统一到可视化平台，通过多系统的联动交互与设备和事部件实时状态展示以及事部件的闭环处置，实现了城区智慧管理的同时也有效提升了广告、商业等各项经济效益，降低了运营和维护成本。

LED 信息发布功能等广告收入是智慧灯杆投资运营主体的主要收入来源之一，由投放广告的主体支付，多为入驻的商场、超市、企业等，也有政府及其他机构。

节省的运营及维护成本。综合管理平台可以实时监测智慧灯杆各设备的运行状态，提高了设备故障的响应效率，减少了因设备的巡检而产生的人员维护成本。照明控制采用单灯控制器，安装方便、无须排查线路，后期扩展能力强，预置多种控制模式，适用于天气突变、季节变化等多种场景，可以分时段、分流量动态调节光源的照度，通过按需降低照度，节能率达 30% 以上，节约用电，降低用电成本。同时也在一定程度上减少了碳排放，响应了国家节能减排的号召。

隐性收入包括向导引流、人流量统计等。LED 信息屏可以增加方向导引信息从而减少了导引指示牌的建设费用及后期的维护费用。智慧灯杆所配备的摄像头可以对可视区域内的人员数量进行统计，管理单位可以根据不同时段不同区域人流量进行合理疏导和相对重点巡视等。

（2）社会效益

本项目智慧灯杆配备监控摄像头和一键告警功能，提高了管理人员的反应速度，减少了因意外事件、犯罪活动引起的财产损失、人员伤亡等，在一定程度上加强了社会的稳定性和安全性。智慧灯杆所配备的各种传感器及综合管理平台所对接的天气预报功能，两者配合使用可以让管理部门在不同的气候条件下做出快速反应，避免人员伤亡及财产损失。

（3）生态效益

智慧杆灯杆作为分布最广、最密集的市政设施可以满足 5G 超密集组网的站址需求。以智慧杆为 5G 基站载体，可以节约设备支出，避免城市基础设施的重复资金投入，节省城市土地和空间资源，更能体现智慧杆的"一杆多用"的应用价值。

7.3.7　亮点和经验总结

1）智慧灯杆亮点

（1）灯杆杆体设计

本项目智慧灯杆的外形设计与周边环境的建筑风格以及夜景照明风格一致，有助于提升城市形象。

杆体布局上分别设置了设备舱、强电舱和弱电舱，具备合理的内部操作空间，功能上设计了电器接地预留点及安装断路器装置，同时还在检修舱门与杆体之间做了精密的防水处理，从而避免了因舱内进水引起的漏电风险。

（2）智能照明控制

照明控制采用单灯控制器，安装方便，无须排查线路，后期扩展能力强。单灯控制器采用 Cat.1 无线网络通信，具有低延时、低成本、数据传输安全、组网便捷、稳定性高等优势。既可实现单灯控制，又能实现组合场景控制。可预置多种控制模式，适用于天气突变、季节变化等多种场景。远程智能控制方式，既能提高照明工作效率，又能提高能源使用率。24小时实时在线监控管理，故障告警及时通知，线上运维、巡检可大大提高运维管理工作效率和质量。

（3）增设投影功能

该项目中的智慧灯杆增加了投影功能，使得灯杆内容更加丰富，具有更多的趣味性。

（4）管理平台智慧化

平台可视化：在广场全局地图中显示智慧灯杆的分布，可实时查看数据信息。

精细化管理：通过平台可查看每个智慧灯杆杆体上的智能设备的所有信息，包括Wi-Fi、LED照明、视频监控、信息发布、公共广播、LED屏、充电设备、环境监测、紧急呼叫、灯光投影等设备设施的生产日期、位置、状态及能耗情况。

2）项目经验总结

智慧灯杆汇聚挂载5G微基站、摄像头、气候环境传感器、一键告警等各类设备设施，对供电长期的稳定性要求很高，不同设备的用电情况差异较大，因此智慧灯杆需重视杆体设计和线路设计，电源应满足多路输入输出和智能管理。

要实现智慧灯杆系统的长期稳定安全运行，需要对智慧杆进行周期性的巡查维护，需要对杆载挂载的

设备和控制硬件的完好性与稳定性进行检查，定期对智慧杆运营管理系统的功能升级和漏洞修复，以保障智慧杆整体系统能得到持续稳定运行。

智慧灯杆是当代城市空间资源整合创新运用的范例。随着智慧城市建设范围的不断扩大，智慧灯杆作为物联网与智慧城市的重要载体，将是智慧城市产业落地的关键、技术惠民的重心，必将为城市资源深入开发提供新的创新思路。

7.3.8　项目实景

图7-10为项目实景。

图7-10　项目试运行阶段实景（图片来源：豪尔赛科技集团股份有限公司）

7.4　苏州市元荡湖智慧园区灯杆项目

7.4.1　项目概况

该项目由苏州市吴江区黎里镇人民政府投资建设，智慧灯杆产品投入约1 300万元，合计约500套。

在元荡水岸一体景观带建设上，采用欧普照明提

供的集照明、视频监控、公共广播、Wi-Fi热点、LED信息发布屏、一键呼叫等多功能于一体的智慧照明产品，采用基于5G技术应用的NB-IoT单灯控制

器，可满足照明、安防、通信等领域需求。通过元荡智慧灯杆管理平台，实现智慧化公园监测，通过平台策略实现环境数据与灯杆、显示屏联动，通过 AI 智能算法实现监控与广播设备联动，游客非法越界等行为由平台第一时间发布告警通知，实现了园区公园的智能管理。

7.4.2　项目设计

功能智慧灯杆解决方案由智慧灯杆（硬件）、智慧灯杆云平台（软件）、方案实施运维（长期服务）三部分组成。

1）通信业务

智慧灯杆作为通信连接点，可以通过无线或有线方式对外延伸，提供多种业务服务，包括无线基站、物联网、边缘计算、公共 Wi-Fi 以及光纤传输等。同时，智慧灯杆覆盖区域广、距离被连接的物体近，适合作为物联网系统的承载，通过各种连接方式，包括光纤传输、5G（2G、3G、4G）、NB-IoT、Wi-Fi等，将无处不在的智能终端连接并统一管理，随时随地接收、整合和传递来自城市各个领域的信息，提升城市的智能化水平和管理效率。

2）公共安全

通过部署摄像头实现对车、人进行监控，通过人脸识别、车牌识别、行为识别等技术识别出危险因素。通过部署一键告警实现人在紧急情况下迅速与管理人员取得联系。通过与广播、拾音器、告警器等智能设备及远程管理平台相结合，实现智能预警、车牌识别、人脸识别、全景拼接、枪球联动等功能，提升公共安全服务效率，有效降低城市犯罪率。

3）智能照明

通过单灯控制器、集中控制器、光照度传感器、多功能电表等以及智慧灯杆平台可实现路灯实时分组

开灯、关灯、调光操作。回路开启、关闭操作。远程监控路灯运行状态、运行参数及用电量，当路灯运行异常时上报故障并通知管理人员，管理人员可进行定点维修，大大降低了巡检和维护成本。可根据需求设置定时计划、光感策略等，以达到在满足城市合理基础照明的前提下，实现道路照明节能最大化的目的。

4）环境监测

基于智慧灯杆的气象环境监测点具有大范围密集分布覆盖的特点，所采集的数据通过云端平台进行大数据分析，可以结合环境数据本地及远程推送服务，提供空气质量、温湿度、风速风向、噪声、电磁辐射、光照强度等环境信息。结合视频监控系统，还可以提供便民的环境综合服务。也可以结合智慧灯杆部署的 LED 屏实时发布信息。实现城市环境和气象的智能监测，预先告警为环保部门提供数据参考，改善城市环境。

5）智慧道路

通过智慧灯杆还可以提高道路的智慧化水平，比如道路积水、故障信息可监测，实现更好的车路协同。面向中长期的新型智慧交通业务，需要连续的高速网络覆盖，并且要沿道路部署车联网路侧单元、单元，智慧灯杆需要有足够的位置、供电以及传输资源，为后续远程驾驶、无人驾驶做准备，提升道路的智能化水平，提高通行效率，真正实现"聪明的车、智慧的路"。

6）信息发布

通过挂载设备进行信息发布时具有传播广、效应高、冲击力大的效果。当发生如火灾、地震等紧急事件时，可以通过多媒体信息发布系统进行应急广播、告警灯光提示，通知民众安全撤离。同时结合 LED 屏幕也可进行政府信息、交通信息和商业广告的发布。配备多媒体交互终端的智慧灯杆还可通过传感器实现人机之间的交互沟通。

7）新能源业务

　　智慧灯杆还可对外提供多种供备电服务，可提供的业务包括但不限于充电桩、USB 接口充电、信号灯、摄像头备电、无人机充电等，用户通过手机 APP 还可实现各类业务的预约和查看。在条件允许的情况下，智慧灯杆可搭载太阳能板或者风力发电设备，实现城市绿色能源。

8）智能园区管理云平台

　　多功能智慧灯杆通过 5G 无线高速网络将实时摄像头、广播、Wi-Fi 热点、环境监测等数据上传到欧普智慧园区管理系统云平台上，通过云平台实时采集智慧灯杆的位置及运行状态信息，不仅可以为管理部门提供全方位的照明信息化运维服务，同时通过后台大数据分析，挖掘园区照明运行与电网、气象等相关性，为城市照明节能提供决策支持，还可以为城市智能交通、智能安防提供有效的支撑（图 7-11）。

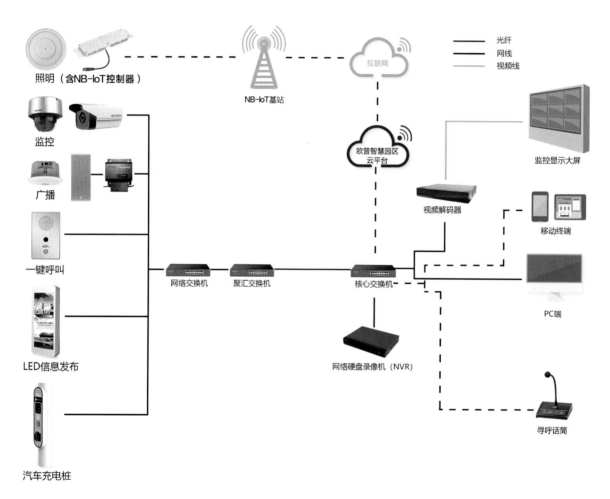

图 7-11 智慧园区系统架构图（图片来源：欧普道路照明有限公司）

7.4.3　项目建设

本项目合同约定建设周期为一年。建设期自 2021 年 1 月至 2021 年 12 月。期间对灯杆点位进行了踏勘确认以及灯杆功能和样式确认，同时开始敷设管线。但因基建项目的总体建设进度以及一系列不可抗拒因素，最终于 2022 年 11 月完成竣工验收。

智慧灯杆平台部署采用云平台的方式，从项目地取外网宽带给设备提供网络，本地监控存储布置于机房内，一键告警呼叫设备主机布置于机房内，整体机房设备由欧普照明提供。

7.4.4　项目管理

智慧路灯管理系统对灯具及外设集成统一管控，远程采集全部路灯工作时的温度、功率、电流、电压等相关数据，实时、全面、精细化掌握功能及设备的运行状态。针对后期维护问题，智慧路灯管理系统将对路灯运行数据进行实时监测，线路异常、故障、短路、断路等问题出现时，系统会将相关故障信息发送至相关责任人的管理后台和手机上。利用系统集成的 GIS 地理信息系统可快速掌握异常路灯的所在地点，大幅提升运维速度，降低维护成本。智慧路灯的核心是网关，网关所具备的边缘智能控制功能能够根据本地控制策略自适应执行。可根据当前季节、环境、人车接近感应等多变因素，系统计算并自动选择适宜的路灯调光策略，通过智能化场景因素识别功能实现精细化控制，最大限度地实现节能减排、智慧照明。在安防方面，园区智慧灯杆与监控系统联动，具有人脸识别、车牌识别等功能。通过超高清监控摄像机，24 小时全天候实时监控各个监控点的情况，记录所有监控视频，便于后期调取查看。除此之外，还利用无线网络将采集到的信息数据传输至后端计算机主控平台，完成信息数据的深入存储、分析与处理，最终将图像反馈到区监控中心大屏幕上。联动一键告警装置，一旦有突发事件发生，系统自动发出警报，快速、精准定位现场情况，为园区管理人员及时处理突发问题、做出响应提供便利，提高园区的安全防控能力。

7.4.5　项目风险及效益分析

1）项目风险分析

（1）智慧灯杆平台与设备连接的风险点

智慧灯杆各设备通信的不同方式，其不同网络环境的数据流指向同一个平台，平台需要汇聚不同网络环境下的设备数据，如果不同网络环境下的设备中有一条网络出现故障或流量问题，也会导致设备丢失在平台的连线显示和平台对设备的控制操作。

各不同设备间的通信协议和对接方式也会导致设备与平台间通信连接不稳定的概率增加，不同的对接方式也会有不一样的平台数据与设备间的数据对接发生不同的现象。

（2）智慧灯杆杆体功能设计的风险点

智慧灯杆主要存在照明功能弱化、灯杆可扩展性不够、电气设计考虑不周、供电通信配套不完善等技术痛点。

应统筹考虑照明、合杆、智慧城市、5G 等，积极寻找它们的"最大公约数"，通过"最大公约数"去解决智慧灯杆的技术痛点，给智慧灯杆技术发展以更大的空间。以灯杆杆体和网关为中心，规范硬件接口和信息接口，再加上明晰的供电和光纤规划布局，可以有效地解决当前智慧灯杆技术发展、需求变化与建设速度不匹配的矛盾。

智慧灯杆项目的实施需要多个部门的通力配合，需由牵头单位协调各个部门集聚合作，分配给各个单位统一协作深化设计。

2）项目效益分析

智慧路灯取代了传统的市政路灯、公安监控、交通标志等独立建设模式，大幅提升了城市的面貌，提高了城市的管理水平。

使用更节能的 LED 路灯，与大功率高压钠灯相比，在保持原有道路照明条件的同时，可将功率降低至原有高压钠灯的 50% 以下。这样做的结果是节省电力并减少电费。

除时间控制和集中控制外，还可以根据季节和环境变化进行远程动态控制，实现智能控制。系统感应装置自动跟踪日出日落状态，合理调整开、关灯时间。针对不同的天气情况采用不同的照明策略，并根据各电路的照度和供电情况自动调节照明电压，达到节能目的。

路灯杆数量多，运维人员管理任务越来越重。智慧路灯依托智慧路灯综合管理平台，对路灯进行远程监控和调试，并支持故障告警、故障检测、故障处理跟踪等功能，减少人工巡检工作，大大提高信息化水平。

智慧路灯的商业化运营也是一大亮点。LED 显示屏广告收入、5G 微基站租赁收入、充电桩服务运营等都是后期收回建设成本的渠道。未来智慧路灯还将配备更多的设备设施，提供更多惠及百姓的服务。

7.4.6　项目亮点和经验总结

项目产品针对厂区、公园、校园、住宅小区等特定场景，提供包含"照明、安防、广播、Wi-Fi 热点"等一体化多功能智慧道路照明系统解决方案，配置灵活，可有效降低施工和维护成本，提升照明产品的技术附加值。

1）产品结构设计创新

项目产品集智能照明、视频监控、公共广播、Wi-Fi 热点、LED 信息发布屏、一键呼叫等多功能于一体，各个功能设施采用模块化设计，用户可根据需求进行功能模块的选配。采用旋压铝与 PC 灯体相结合的方式，表面静电喷涂处理，耐腐蚀。

2）集照明、监控及广播等功能于一体的智慧园区管理系统应用

智慧管理平台在云端部署，安全性更高，资源运行效率高，同时大大减少布线及竖杆成本，降低软硬件对接成本。

3）产品部署一键配置上云服务

项目产品出厂后在使用地安装部署，只需连接通电，连通 5G 网络，设备就能自动登入欧普智慧园区管理系统，免除烦琐的现场调试阶段，产品更智能，部署更简单。

7.4.7　项目实景

图 7-12 为项目实景。

图 7-12　现场实景（图片来源：欧普道路照明有限公司）

7.5　天津市中国民航大学智慧灯杆项目

7.5.1　项目概况

2019 年 7 月 24 日，国家发展改革委批复中国民航大学新校区（宁河校区）建设及老校区更新改造工程可行性研究报告。2020 年 6 月 16 日，中国民用航空华北地区管理局批复中国民航大学新校区（宁河校区）建设及老校区更新改造工程初步设计及概算。中国民航大学新校区建设及老校区更新改造工程（一期工程）被列为中国民用航空华北地区管理局与天津市 2020 年重点建设项目。中国民航大学宁河校区位于天津未来科技城宁河片区位，其功能定位是以机场、飞行及民航服务类特色专业为主，协同发展民航运输经济与管理学科群及民航职业教育与继续教育，承载部分研发和培训功能。宁河校区计划分为两期建设实施，一期新征土地约 505 亩，规划建筑面积约 17.73 万平方米，总投资约 20.25 亿元。包括建设教学楼、图书馆、实验楼、体育馆、学生宿舍、食堂、校内智慧照明系统及其他基础设施建设。拥有多媒体教室、智慧教室、精品录播教室，同时还有模拟舱训练、客舱服务模拟、飞行技术、交通工程、通用航空等各类专业实验室等。中国民航大学新校区（宁河校区）是服务于国家发展战略，深入推进京津冀协同发展的重要举措，对推进天津未来科技城建设，适应民航快速发展需要，改善学校办学条件，加强学科建设，提升民航专业人才培养能力和科技自主创新水平具有重要意义。

7.5.2　项目建设

在传统校园基础上构建一个数字空间，实现从基础设施数据的监测和采集、资源服务到信息化应用等全部数字化，从而为校园本身所能提供的资源和信息服务打造一个坚实的底座支撑，用于校园全局管理，智慧校园是教育信息化的更高形态呈现，是当代信息技术同校园结合的典范。围绕此处方案建立了以"统一平台、统一账号、统一基础数据、统一的 AI 算法、统一的发布流程"为主要内容的校园智慧杆站管理平台，同时将围绕基础设施建立共建共享的物理载体、异构型通信网络、广泛的物联感知和海量数据汇集存储，为智慧校园的各种应用提供基础支持，为大数据挖掘、分析提供数据支撑。方案包括各类型传感器构成的传感器网络、各类型智能硬件构成的校园信息化设施设备、数据库与服务器等。通过上述方案的建设和组成，对校园基础数据、视频数据（音频、视频、图像等）、非视频数据（时间序列监测数据）进行全方位的监测。实现在校园场景下各个系统、各个部门之间的基础设施统一建设、信息化数据共享，实现校园内的教师、学生、游客的行为和态势识别，自动识别到紧急事件状态并预警，将安全理念融入智慧校园管理的真实业务流程，同时在边缘计算、人脸识别、大数据分析等技术应用下，实现了绿色校园、安全校园、数字校园的建设。

新型基础设施建设是智慧校园必要的组成部分，现如今对智慧灯杆的定义不再是单一的照明工具，而是作为校园感知的神经末梢存在，对校园的安全和发展做出了重要的贡献。面向智慧灯杆的基础设施建设，实现路灯的智能管理，并构建校园物联网服务能力，提供由智慧灯杆承载的视频监控及资源监测的能力。通过智慧灯杆的统一承载与服务的方式，可实现校园的灯联网、物联网、车联网等体系的建设。

1）智慧校园灯杆管理平台统一化

通过构建校园统一的智慧灯杆管理平台，实现校园的公共基础设施及信息化基础设施的统一规划、建设、管理和维护，为校园的公共基础设施运行提供必要的信息化系统支撑。通过电力、网络和物理支撑平台，打造智慧校园的公共服务统一管理，可以有效降低公共基础设施和相关信息化业务的建设和运行成本，持续降低建设和管理成本，同时可以避免重复投资和重复建设。

2）智慧校园灯杆设备管理精细化

实现灯杆智慧化，支持远程控制、时间控制器、经纬度控制等多样功能，让校园灯杆管理更方便，可通过二次节能减少财政负担。同时支持对灯杆上挂载设备的资产状态远程智能巡检，若有异常，及时告警，及时抢修，快速高效实现智慧校园灯杆设备的精细化管理。

3）智慧校园治安可视化

智慧灯杆通过集成视频监控系统，可实时通过后端管理平台远程对校园内的环境情况进行查看，对于学生安全问题可以提前感知和预警，及时干预。紧急情况现场识别，可及时指挥安保人员进行管控，实现校园全域感知，保卫校园安全。

4）智慧校园信息发布规范化

智慧灯杆通过集成 LED 显示屏和传感器，通过信息发布平台实现环境信息、相关政策、实时消息、校园公告等实时推送，能够根据不同的发布需求进行实时修改或者计划播放，具备校园灵活性的信息发布管理流程。同时为了保证信息发布的安全性，所有发布内容均经过系统级数字签名认证，保证发布内容的安全性。

5）智慧校园广播与紧急呼叫一体化

智慧灯杆通过公共广播和紧急呼叫的对接实现了全校公共广播统一控制，保证信息下达的一致性，通过公共广播的建设，使得全校任何区域内接收到的信息都是最新的信息，无论学生在什么地方看书都能接收到最新消息。其次通过紧急呼叫的建设，在紧急情况下可快速呼叫学校安防管理部门，当校园内发生突发情况或紧急事情时，可以第一时间找到就近的智慧灯杆紧急呼叫分机，及时呼叫安保管理部门，打造安全无忧的校园氛围。

6）智慧校园信息节点网络化

通过智慧灯杆的光纤网络布局，实现整个校园的网络路路通光纤，成为道路附近的网络接入点，为以后的整个校园区域的网络搭建建立基础。同时智慧灯

杆上的 Wi-Fi 热点是实现整个校园无线网通信覆盖的基础，可实现"无线校园"的建设，为学生提供随时随地的上网服务，再也不用担心信号问题。

7.5.3　项目管理

此次共涉及 80 杆智慧灯杆的建设，实现校园智慧灯杆的全面覆盖，智慧灯杆是校园的"眼睛"，是校园繁荣文明的象征，是对外展示中国民航大学文化内涵和精神风貌的一个窗口，学生和游客可以通过智慧灯杆感受和学习中国民航大学的众多文化。智慧灯杆加载的多功能服务对节省资源来说有重要的优势和价值，它不仅可以发挥传统路灯应有的功能和特性效果，还体现了中国民航大学坚持融合发展，做出亮点，满足不同环境的应用要求。具备高度的实用性和先进性。

在考虑校园特性方面，学生和教师众多，故智慧灯杆作为公共设施的安全性是极为重要的，在设计之初就考虑了以下六个方面的安全性：

1）用电的安全性

设备的功耗小于电源的载荷容量，充分考虑设备（漏电保护）、材料、施工符合安全用电要求。此次单个智慧灯杆共分为 2 路供电，一路给照明和显示屏供电，一路给弱电智慧化设备供电（图 7-13）。

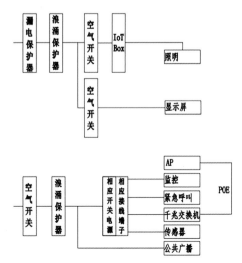

图 7-13　智慧灯杆系统内部供电示意图（图片来源：上海三思电子工程有限公司）

2）结构的安全性

智慧灯杆上挂载设备众多，结构安全是重中之重，结构强度需要按照相关标准进行考虑，并具备相应结构计算书，同时所有设备与灯杆间的结构均需要考虑防护。

3）通信数据的安全性

智慧灯杆上挂载设备众多，其通信数据关乎道路安全性，对通信数据的安全处理需要符合相关要求并

加以处理，按照校园的网络规划，将不同数据进行划分处理，保证数据的安全性。

4）灯具工作的安全性

避免因为智慧路灯的实施造成照明系统运行出现故障，确保灯具运行按时开启和关闭，确保照明系统符合工作运行要求，并具备应急保障机制，保证校园照明安全无忧（图 7-14）。

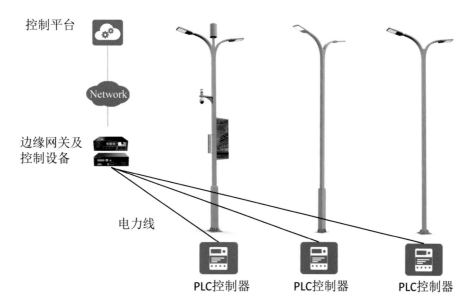

图 7-14　智慧照明控制系统示意图（图片来源：上海三思电子工程有限公司）

5）运维人员的安全性

智慧灯杆上设备众多，不同设备涉及电压域有所不同，需要确保强弱电分离设计，保障维护人员的安全（图 7-15）。

图 7-15　智慧灯杆智能配电盒示意图（图片来源：上海三思电子工程有限公司）

6）其他设备的运行安全

智慧路灯所安装的设备大多是为公共提供服务的，其运行状况涉及公众便捷，因此必须保障设备的运行安全，特殊的监控系统使用了 UPS 供电，保证校园安全。

7.5.4 项目成果及应用成效

在一众建设者的努力奋斗下，中国民航大学宁河校区一期工程圆满竣工。通过高效的安装和专业的交付工作使得智慧灯杆的使用工作如预期安排，最终在验收阶段得以照亮智慧校园，为中国民航大学宁河校区的正式投入使用奠定了坚实的基础。

智慧灯杆等新型基础设施的建设，致力于为教师打造健康舒适的工作体验，绿色低碳、安全可控的智慧化服务，有益身心健康的舒适环境。通过智慧化的提升，提供一个舒适的环境，为学生提供舒适便捷的校园服务，打造便利出行的生活方式，提高为学生服务的水平，提高了应急管理能力，保证信息传达更加便捷，运动更加安心，环境更加无忧，打造 360°无死角的安全校园环境。为校园管理方打造全面感知、智能决策的管理平台，从设备状态全面感知、实时控制、精准分析，保卫人员安全，数据可交互等多种方式智能呈现。打造校园一体的管理数据库，涵盖校园数据动态可视化，具备智能决策分析能力，为后续智慧化基础设施规划、建设及更迭提供强有力的数据支撑。

每当暮色降临，一排排的路灯为入夜后的校园增添了不少亮色，智慧灯杆不仅美化亮化了校园，给师生的生活带来便利，提高了校园内道路安全系数，也有效降低了能源消耗，充分彰显节能环保理念，成为绿色校园建设的一大亮点。

7.5.5 项目实景

图 7-16、图 7-17 为项目实景。

图 7-16 智慧灯杆实景角度一（图片来源：上海三思电子工程有限公司）

图 7-17 智慧灯杆实景角度二（图片来源：上海三思电子工程有限公司）

7.6 园区智慧灯杆案例集锦

7.6.1 西安市智慧园区项目

极光外形设计代表幸运珍贵，看见极光的人将会收获快乐幸福，纵使看过很多美景，但这种身处尽头的感觉无法复制。本款智慧灯杆取名"极光"，寓意幸运、珍贵。灯杆造型层次感分明，在现代照明科技的辅助下，屹立于城市之间。济南三星灯饰有限公司作为西安市政府户外智慧照明综合解决方案提供商，在运行管理方面采用了最新自主研发的智慧灯杆运维管理平台"星核3.0"。该系统拥有三大技术核心优势，即广泛兼容智慧灯杆多源异构设备（兼容拓展性）、AI算法魔方创造无限联动场景（智能联动）、能够满足不同项目个性化管理需求（个性化定制），以及九大场景方案和超100种系统功能，充分满足道路运维和管理（图7-18）。

智慧灯杆功能设计以智慧照明、公司监控、公共Wi-Fi、公共广播、LED显示屏、应急呼叫及环境监测为主，通过物喜智能智慧管控平台，结合园区数字化管理中心，极大地提高了园区的日常管理效率，提升了园区整体智能化管理水平，也为园区的整体形象贡献一份力量（图7-19）。

图7-19 智慧灯杆实景（图片来源：上海物喜智能科技有限公司）

图7-18 智慧灯杆实景（图片来源：济南三星灯饰有限公司）

7.6.2 苏州市盛泽湖月季园项目

苏州盛泽湖月季公园位于苏州市相城区盛泽湖南畔，总占地面积1 000余亩，是长三角的月季主题公园。智慧灯杆项目完成于2019年，项目总体采用一体化智慧灯杆设计，同时根据园区场景的实际需求，

7.6.3 苏州市吴江万工堤湿地公园项目

苏州市吴江万公堤湿地公园项目，始于松陵大桥景区北门，终于苏州湾大桥景区南门，全长约6km。涉及智慧灯杆18套，普通灯杆121个，氛围灯256个，配电箱3个，原太阳能灯杆加装监控和广播8个，新建监控杆6个，除此之外还有草坪灯、投光灯、线条灯以及机房内硬盘录像机、交换机、监控硬盘等（图7-20）。

图 7-20 智慧灯杆实景（图片来源：欧普道路照明有限公司）

7.6.4 成都市昭青里烟火集市智慧园区项目

此项目为成都市老旧园区智慧化改造工程。在智慧园区建设中，智慧灯杆是最能体现智慧城市的载体，是民众接触最深切的智慧信息展示点。在此项目的建设中，园区智慧化通过智慧灯杆来展示。珠海星慧智能科技有限公司打造智慧园区管理，充分运用了物联网、AI 大数据、云计算等，形成一整套大数据智慧园区管理平台，实现了对园区的智慧化管理。在以智慧灯杆为载体方面，结合当地园的文化理念，设计出一款具有当地特色的灯杆，集成智慧灯杆的所有部件，体现了当地烟火集市的智慧化。本次项目主要的应用功能有智慧照明、杆体倾斜智能告警、手机无线快速充电、安防视频监控、紧急告警求助、智能 LED 屏信息发布、5G 基站、网络 IP 广播音柱等（图 7-21）。

图 7-21 智慧灯杆实景（图片来源：珠海星慧智能科技有限公司）

7.6.5 重庆市西部科学城光大人工智能产业基地

位于重庆科学城的光大人工智能产业基地，其绿色低碳先行区重庆爱泊车（AI PARK）则作为空间场景应用的示范基地。爱泊车以特斯联科技集团有限公司的 TacOS 作为操作系统，通过建设云端数字基础设施，实现数字资源的整合及数据开放，实现楼宇自控、安防监控、通行门禁、能源计量、机器人、智慧灯杆等多种 AIoT 终端设备的接入与运行控制，统筹管理园区的各类数智化场景解决方案。

智慧灯杆作为网格化感知和信息发布载体，被用于车辆、访客、监控、照明、信息发布等场景。例如，识别到重要来访车辆后，访客系统可自动对被访或接待人员发送消息通知，并联动 LED 屏发布欢迎信息。杆塔的智能照明系统则可根据室外照度传感数据、调用 TacOS 的建筑节能算法激活室内自动照明控制等。摄像头监控区域人、物的行为信息，依据预设的响应策略，联动机器人、显示屏、广播对现场进行干预（图 7-22）。

图 7-22 智慧灯杆实景（图片来源：特斯联科技集团有限公司）

7.6.6　上海市嘉新公路智慧园区项目

本项目选用不同造型的智慧灯杆，通过不同智能设备的建设打造一体化管控的智慧园区解决方案。项目中的智慧灯杆集成了智能照明、Wi-Fi、广播、监控、信息发布屏、环境监测、指示红绿灯、手机充电、汽车充电等功能，将原本杂乱无章、各成体系的通信设施、监控探头等集成到智慧灯杆中，这样既美化了道路和园区环境，又避免了基础设施的不同步与重复建设，节约了建设投资，降低了维护、使用上的资源投入，做到资源整合，且大大提高管理的效率。项目打造了高效协同的运营管理平台，整合和利用园区的信息资源，构建具有"多维感知、智能管控、敏捷服务、协同优化"特色的智慧园区解决方案。亚明智慧运营管理平台通过各个子系统，有效地将信息汇集、分析、传递和处理，实现系统最优化的控制和决策，使园区达到高效经济节能的运行状态。在以人为本的基础上实现设施整合，提高管理效率（图7-23～图7-25）。

图 7-24　智慧灯杆实景角度二（图片来源：上海亚明照明有限公司）

图 7-23　智慧灯杆实景角度一（图片来源：上海亚明照明有限公司）

图 7-25　智慧灯杆实景角度三（图片来源：上海亚明照明有限公司

7.6.7　石家庄市第四十中学新建校园项目

石家庄市第四十中学新建校园项目，卓信通信股份有限公司基于有线网、无线网和物联网三大体系进行智慧校园系统的建设，其中包括60套智慧灯杆，涵盖校内主要道路、操场、球类运动场、宿舍、功能楼等处，并与校园网及现有系统实现无缝融合（图7-26）。

图 7-26　智慧灯杆效果图（图片来源：卓信通信股份有限公司）

7.6.8　北京市世界园艺博览会智慧灯杆项目

本届世界园艺博览会作为首届有5G支撑的智慧世界园艺博览会，办会主题是"绿色生活美丽家园"，通过建设智慧灯杆可以做到电力的节能，响应博览会低碳、环保的生产生活理念。建设完成的智慧灯杆，杆体美观大方，除具有智能照明的功能外，还具备环境监测功能、视频监控功能、信息发布屏、Wi-Fi、5G基站，所有功能通过一个系统平台控制，方便管理人员操作，使管理更加智能化（图7-27）。

图 7-27　智慧灯杆现场实景（图片来源：中智德智慧物联科技集团有限公司）

7.7　智慧园区中的智慧灯杆总结和展望

智慧灯杆指基于 5G 物联网背景，通过在灯杆上搭载充电桩、LED 信息发布屏、安防监控、应急告警、5G 小基站等各类设备，利用物联网及互联网技术将灯杆转变为智慧园区信息采集的终端，实现对灯杆的远程集中控制，并进一步提升园区照明智能化管理的水平。

1）5G 基站催生大量智慧灯杆需求

作为 5G 基建的切入口，智慧灯杆具备分布广且密集的特点，其供电优势、密集覆盖、空间节省、盲点覆盖等特点可极大减少基站部署选址的时间，便于迅速复制。此外，以智慧灯杆作为 5G 基站载体，无须另行立杆接电拉线，可避免园区资源的二次开发，减少基础设施建设重复投入，降低设施成本。因此，5G 基建将推动智慧园区基础建设进入快车道阶段。

2）智慧灯杆为智慧园区建设赋能

智慧灯杆可以为园区赋予许多智慧的功能，协助园区应用物联网技术进行感知、监测、分析、控制、整合园区各个关键环节的资源，在此基础上实现对各种需求做出智慧响应的功能，使园区整体的运行具备自我组织、自我运行、自我优化的能力，为园区企业创造一个绿色、和谐的发展环境，提供高效、便捷、个性化的发展空间。

3）以智慧灯杆为切入口，实现智慧园区新场景服务

智慧灯杆利用其分布广、身量轻、通电联网等特点，整合多种设备、功能于一身，可实现园区视频监控、智能识别、入侵告警、一键告警、智能广播、环境监测、智能照明、智能停车、LED 屏信息发布、5G 基站预留、车路协同等功能，以及园区内各个系统集中化管理。

物联网及互联网技术使路灯成为智慧园区信息采集终端和便民服务终端，智慧灯杆是智慧园区重要的切入口。

第 **8** 章
智慧旅游中的
智慧灯杆经典案例

8.1 智慧旅游中的智慧灯杆的需求分析

智慧旅游是指将物联网、云计算、4G/5G 移动通信、AI 智能等技术应用于旅游行业管理、旅游场景数据管理与运营、旅游产业发展等方面，推动旅游资源与信息资源的深度融合与开发，并服务于游客、企业、政府管理部门等的新型旅游业态。针对智慧旅游的发展，智慧路灯杆系统充分发挥物联网、数据采集、设备协同、智慧响应等技术，通过功能硬件的搭配和数字化平台软件的部署，助力智慧旅游场景建立起个性化、精细化的服务功能，以及集约高效的管理运营体系，进而促进智慧旅游资源的效益化经营和可持续发展。

城市公园、健康步道，主要面向本地市民的日常休闲娱乐。大中型风景区、旅游区，依托地区特色旅游资源，开发利用后转化为经济效益。商业街，可作为城市特色名片，带动区域第三产业消费，促进文娱品牌传播。历史名胜，注重传统文化宣扬，古迹保护和区域场景的风格风貌统一。生态文明专区，构建绿色低碳、环境友好体系，实现可持续经营等。

基于智慧路灯杆系统，助力构建旅游场景内设施感知和控制物联网络，能够推动旅游场景资源与信息资源的深度融合与开发，有效整合人、车、物和各类信息资源与设施资源，打造高效的管理运营系统，促进旅游运营资源和服务设施相统一，实现效益化经营和可持续发展。

8.2 福州市两江四岸智慧灯杆项目案例

8.2.1 项目概况

2021 年 2 月，福州市资源规划局出台"两江四岸"整体品质提升规划，立志打造山清水秀、文盛景美的活力水岸，结合地区特色在闽江沿岸重点打造 12 条精品景观带，助力发挥城市旅游资源的经济效益。

为提升城市品位，优化旅游市场资源，改善区域交通条件，方便居民生活，提高市民生活安全感、幸福感，规划建设本智慧灯杆系统项目，以"一杆多用"的方式对附属功能设施进行整合，以智慧路灯为载体，通过搭载各类智能设备，提供道路智慧照明、信息发布、视频监控、求助告警、城市广播、环境监测、无线上网、移动通信等功能实时监测周边区域的情况，和城市管理、安防等形成一体化服务，助力"两江四岸"智能化升级、数字化运营，进一步强化公共服务功能，打造智慧旅游新典范。

8.2.2 项目需求分析

福州市对标建设"山水城市"的目标，依托闽江两岸景观特色，强化闽江的公共服务功能，塑造国际化的山水城市客厅。利用乌龙江沿线山青江宽的特点，重点打造科技创新、山水生态宜居、宜游的典范水岸。

景观照明亮化是景观工程重要组成部分，而智慧路灯，更成为景观工程中一道亮丽的风景线，智慧路灯既可作为公共服务功能的载体，亦可成为科技创新的典范。通过智慧路灯的建设为市民提供更智慧便捷的公共服务，同时整合旅游服务资源，提高综合竞争力。

智慧路灯的全面普及对"两江四岸"整体品质提升建设具有非常重要的意义。相比传统路灯来说，智慧路灯的功能更强，随着覆盖率越来越广，自然会让景观提升建设效果更好。

8.2.3　智慧灯杆造型设计理念

福州市历史悠久，是海上丝绸之路的门户，随着洋务运动兴起，福州船政成为中国近代海军摇篮，又是中国近代文教和科技人才的摇篮之一。智慧灯杆造型设计灵感来自古代舰船桅杆，整体采用古铜色喷塑，象征着福州厚重的文化底蕴，突显海上丝绸之路文化。

顶部配置大红方形灯笼，四面镂空雕刻"福"字及福州市花——茉莉花图案，大红腰线至底部设备仓顶部沿灯杆两侧延伸至顶部大红灯笼，寓意着福州城市的活力与希望，四方有福，茉莉花开，此设计理念是整体项目的点睛之作（图 8-1）。

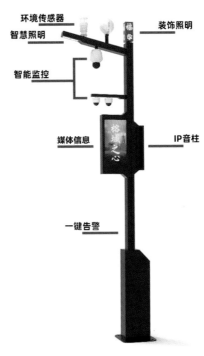

图 8-1　福州台江步行街智慧杆功能示意图（图片来源：厦门佰马科技有限公司）

8.2.4　项目建设

1）总体架构建设

本案例的多功能智慧杆系统采用三层架构，基于平台应用层、网络通信层和设备感知层构建智慧杆物联网络体系，并结合场景需求进行软硬件的功能适配与开发。

（1）感知层

包括基于摄像机、传感器等监测和传感设备，实现对环境、事物及所有终端设备的综合感知，以及挂载智慧节能灯具、网络中继、媒体信息屏、IP 音柱、一键告警和其他功能设备，提供场景化便捷服务。

（2）通信层

利用智慧灯杆网关为智慧杆物联网系统提供通信传输、边缘计算、协同控制等功能，可选采用 4G、电缆等通信方案支持各种传感设备的无缝接入，方便统一的数据采集和管理分析。

（3）平台层

通过一套开放数据与控制接口的物联网云平台系
统实现对智慧灯杆监测数据、物联设备的远程集中在
线协同管理（图8-2）。

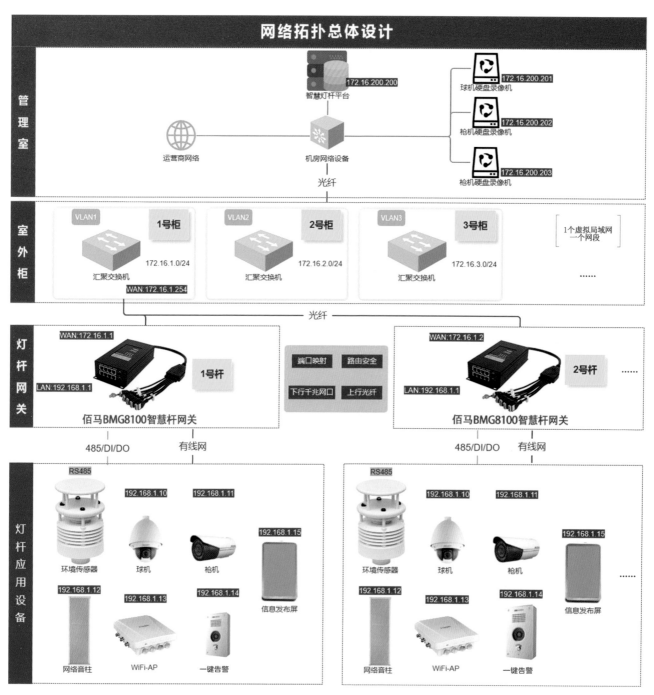

图8-2 智慧路灯杆方案拓扑图（图片来源：厦门佰马科技有限公司）

2）感知层建设

（1）智慧照明

选用 LED 路灯作为智慧路灯照明光源，具有光效高、能耗低、使用寿命长、显色性好等优势。通过智慧路灯平台统一管理，实现自动监测、智能单灯调光、运行状态分析告警等功能。

（2）无线 Wi-Fi

智慧杆可搭载 Wi-Fi 热点，为市民游客提供无线上网、通信中继等服务，还可选择设计搭载微基站，提供稳定、高速的无线通信。

（3）360° 球形监控

智慧杆搭载高清摄像头，提供全景大角度的巡视监控，通过智慧景区云平台，可远程在线调整视角、变焦放大、视频回放等，可应用于儿童走失搜寻、人群聚集分析等。

（4）一键告警对讲

智慧路灯杆设置一键告警按钮。发生情况紧急时，市民按下求助按钮可与求助中心人员进行视频通话，包含位置信息的求助信息将会直接发送到管理平台。与此同时通过网络接通现场与中心的音视频通话，以便采取相应的紧急救助措施。

（5）环境传感与空气监测

一体式环境监测系统具备检测温度、湿度、大气压力、风速、风向、PM2.5、PM10、噪声等功能。微型检测站通过 RS-485 通信线连接智慧灯杆网关后接入系统。系统实现实时对 PM2.5、PM10、噪声、温度、湿度等数据的自动采集、分析以及存储。支持查询分析实时和历史的环境监测数据。佰马智慧杆网关设计搭载有 RS-232 与 RS-485 串口，支持建立透传通道，对接传感器，实时采集景区各区域的环境质量，积累数据分析区域变化状况。

（6）IP 音柱

IP 广播系统利用现有以太网传输，具有结构简单、功能强大等特点，同时具有多路分区广播、多级优先控制广播等特点。可用于播放景区通知、旅游导览、休闲音乐等。

（7）大型信息展示屏

信息发布系统利用户外高亮 LED 显示屏，远程管理发布环境、天气、科普、政策宣传、政府公告、便民信息、应急指挥、交通诱导、公益广告等信息，提供便民服务。LED 显示屏可以在强光环境下看清播放显示内容，不受太阳光反射影响。LED 显示屏采用模块化设计，便于安装和造型处理。散热采用下进风的风冷方案，无须增加空调散热，整体设计可防尘防水，定制机身，结构坚固稳定。通过智慧杆网关千兆网口接入通信，支持内容随时下发，可选择展示游览路线、注意事项、环境状况数据、媒体资讯、商业广告等。

3）通信层建设

在系统架构方面，此款多功能智慧杆的各类型设备都通过与边缘计算智慧杆网关进行一站式对接，实现了集数据通信、边缘控制、供电管理等多功能于一体。佰马智慧杆网关满足自主执行设备控制、设备联动策略等，可开发设备协同功能和定制方案。同时，智慧杆网关配套有佰马智慧杆云平台系统，一站式实现设备管理、策略配置、数据展示、统计分析、告警管理等功能。智慧路灯杆智能网关（图 8-3）具有小体积易安装、功能接口丰富、高速通信（4G、5G、光纤）、工业级耐高低温和防尘防水等特性，支撑打造功能丰富、智能水平高、系统运行稳定的景区多功能智慧灯杆。

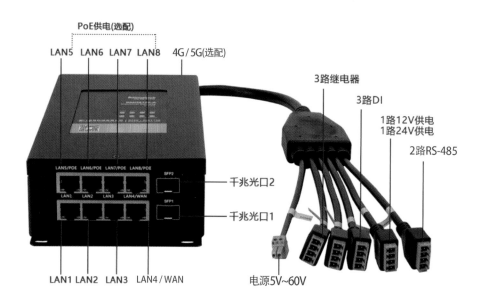

图 8-3　智慧路灯杆智能网关（图片来源：厦门佰马科技有限公司）

智慧路灯系统平台是集数据传输、数据上云服务、数据分析、数据应用等于一体的信息应用系统。平台统一承载人、机、物等城市资源，通过智能网络连接形成全网态势一张图，高效支撑应用系统间的数据流动，实现数据可视化、资源可整合、城市可运维。针对本项目多功能智慧杆系统的集中管控，厦门佰马科技有限公司（以下简称"佰马科技"）配套有智慧路灯杆云平台系统，支持功能包括设备策略配置、状态实时监测、数据展示、统计分析、告警管理等，满足高效构建智慧路灯杆管控一张图（图 8-4）。

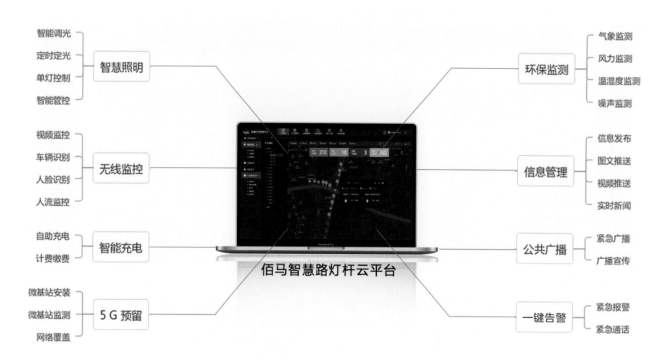

图 8-4　智慧路灯杆云平台系统（图片来源：厦门佰马科技有限公司）

8.2.5 运营管理

1）智慧灯杆管理系统

本案例多功能智慧杆采用佰马智慧路灯杆云平台软件进行一体化管控。云平台采用模块化设计，方便客户选配及定制，所有功能皆可根据项目需要灵活组合部署。本案例运营管理中使用到的智慧杆平台功能包括以下几个方面：

（1）GIS 地图应用

可以实现智慧杆的资产管理、定位管理、总览 GIS 地图分布等。

（2）环境监测子系统

实现实时对 PM2.5、PM10、温湿度等数据的自动采集分析、历史数据储存。

（3）视频监控管理系统

实现包括设备统一管理、在线实时预览、实时筛选、实时回放、实时抓取、多数据同步叠加等功能。

（4）一键告警管理系统

支持对灯杆一键告警设备管理、WEB 实时视频对讲，以及实现摄像头与一键告警的智能联动。

（5）网络广播管理系统

支持对杆载 IP 广播设备的云端监测管理、素材统一上传、发布管理，以及设备定时策略播放任务。

（6）LED 信息发布子系统

支持对信息发布屏幕的统一管理、状态监测，支持对信息发布资源（文字、图片、视频）的统一管理、节目管理、播放策略设定等。

（7）Wi-Fi AP 管理子系统

可定义设备名称、配置设备参数、显示连接状态等，统计上网流量趋势、在线用户趋势、实时用户在线数等。

2）基于智慧灯杆管理功能

（1）公共照明管理

智慧路灯具有根据行人流量自动调节亮度、远程照明控制、故障主动告警、灯具线缆防盗、远程抄表等功能，能够大幅节省电力资源，提升公共照明管理水平，节约维护成本。

（2）通信覆盖管理

智慧灯杆内嵌 Wi-Fi 模块与微基站的设立，发挥路灯随处可见的优势，微基站具有隐蔽性与广泛性，解决传统基站建设场地难、投入大与信号强度不足等问题，为三大运营商的未来发展布局提供了一个很好的方案。

（3）道路交通监测管理

实时监测道路交通车流情况，及时发现交通事故，提高出警速度，缓解道路拥堵。及时抓拍违停车辆车牌号，利用机器视觉代替人工视觉进行车辆目标提取、违法行为自动判断、自动跟踪、自动车牌识别等，准确、快速地对机动车违法停车行为进行取证执法，最大程度上解放警力，有效治理城市违法停车行为。

（4）综合执法监督管理

利用智慧路灯集成的智慧摄像头、远程广播、信息发布等功能可实现城管需要的小商小贩监管、垃圾满溢、垃圾乱扔、广告店招、违章建筑等实时监控与智能识别。对巡查发现、投诉案件、私搭乱建等城管事件进行监测并上报至平台，基于平台实现业务资源汇聚与整合，并做到快速响应、统一指挥、精准调度。

（5）街道安全监管

人脸识别：融入人脸识别、AI 智能告警、图像自动识别等技术，对街面活动进行全局监管、智能管理。

危险识别：对街道周边环境与设施进行检测与识别，如危险物摆放、人员聚集等，一旦发现异常，立即抓拍并触发警报，还可联动现场语音进行提示，方便及时制止和采取救援措施，有效协助管理人员的监管工作，减少人力监管成本，防止安全事故发生。

一键求助：智慧路灯集成的智慧摄像头、远程广播、一键求助等功能，当人员需要帮助时，可及时按求助键与监控管理中心求助。可语音视频对讲，同时与监控视频系统联动，监控画面实时调转至求助点，进行实时监测。

（6）信息发布管理

利用智慧路灯集成的显示屏及广播功能作为信息发布平台，用于政策宣传、渲染节日氛围、气象播报、公益广告播放，也可用于与智慧交通对接进行交通诱导，作为城市宣传名片窗口，全面提高城市形象。

（7）环境质量管理

智慧路灯搭载微型一体气象站对城市街道环境数据进行实时采集，并上传管理平台，并在灯杆显示屏上显示，各种环境变量数据可根据实际需求进行配置。在应对灾害性天气时，通过各种环境数据采集分析，可提前预警，便于灾害管理决策。

8.2.6　项目总结

1）建设经验

智慧杆项目的规划、建设、运营应遵循以下原则：

（1）规范建设原则

标准化、规范化是智慧路灯系统建设的基础，也是系统与其他系统兼容和进一步扩充的根本保证。因此，系统设计和数据的标准化工作极其重要。在系统建设中应遵循国家行业标准或应用标准。

（2）整合资源原则

在系统建设过程中充分考虑、整合、利用已有的资源。挖掘、发挥已有的、分散的各类人力、软硬件设备、信息、环境等资源的潜力。立足实际，整合资源，从而降低系统建设成本，并且带动其他政府部门

的信息化水平共同发展，避免"信息孤岛""数字鸿沟"现象的发生。

（3）先进经济原则

在系统的总体设计上借鉴各类系统的成功经验，同时注重考虑同类系统的建设教训，采用国际上先进且成熟的技术，使得设计更加合理、更为先进，保障系统在较长时间内有较高技术层次。

尽可能利用现有设备和现有数据资源，新增软硬件设备在满足要求的前提下，优先采购国产设备和软件，节省系统的建设费用和运行费用，降低系统扩展和升级的费用。

（4）全局前瞻原则

从"智慧城市"和电子政务建设的全局和整体的角度"大处着眼"，前瞻性地考虑智慧城市管理系统的建设。使智慧路灯系统成为"智慧城市"的有机组成部分，充分发挥智慧路灯系统在城市管理流程再造、功能优化和部门业务协同、信息资源共享中的综合作用，减少城市信息化整体投资。

2）运营效益

本项目智慧杆部署运营后代替了单功能的立杆，将多种子系统集成一体，打破子系统间的数据孤岛，实现安防、交通、环境、设施之间的多端联动感知和协同，增强了管理中心对景区人、事、物的感知力，显著提升了景区智慧化、集约化水平，提高景区管理能力和服务效率。

8.2.7　项目实景

图8-5为项目实景。

图8-5 福州台江步行街智慧杆现场实景（图片来源：厦门佰马科技有限公司）

8.3 杭州市西湖湖滨路步行街智慧路灯案例

8.3.1 项目概况

杭州市西湖湖滨路步行街是杭州知名的商业街，具有"首批全国示范步行街"的称号。西湖湖滨路步行街智慧路灯项目是迎接中华人民共和国成立70周年筹办的重点项目，同时也是申报国家级精品步行街的建设项目。湖滨路步行街全长2 km，步行街上智慧路灯全覆盖，共建设有150余杆，搭载了智慧照明、双面圆形户外LED屏、监控、广播、Wi-Fi覆盖等功能，对整体提升城市智慧化管理水平有着显著效果。

8.3.2 项目需求分析

1）总体需求分析

本项目通过在服务区建设智慧化灯杆将智慧化照明与信息化设施相结合，实现西湖湖滨路步行街的监控全覆盖，做到显示屏与广播的动态发布，以及环境状况实时监测，减少了杆件数量，做到智慧化功能集约，打造有序、安全、智慧、美观的高品质步行街环境，提升步行街精细化管理水平。

2）功能需求分析

智慧路灯不仅仅是灯，也是智能感知和网络服务的节点。它像道路的神经网络一样，是整个空间的触角，智慧化功能需要有以下几个方面：

（1）建设以节能照明为理念的亮化工程

整个西湖湖滨路步行街区全部采用LED路灯建设，实现路灯的智能调光、统一管理、节能照明，为整个规划区照明建设节省开支。

（2）建设信息发布系统

通过集成在智慧路灯上的LED显示屏，湖滨九里管委会能够实现相关政策在线宣传以及即时消息推送等，能够和西湖湖滨路上的商家或其他商家实现广告营销，能够让前来观光旅游的游客了解最新城市及景区资讯，享受智慧出行带来的各类便捷服务。

（3）建设安防监控系统

通过全景摄像头实现人与车的安防监控，助力智慧景区的建设。

（4）建设智慧化信息采集平台

通过物联网设备、摄像头采集道路公共设施和道路运行情况，各类传感器采集道路环境信息，集中控制器采集所有智能路灯的运行状况，无线Wi-Fi网络了解景区游客的需求，通过智慧路灯网络平台，统一传送至智慧路灯平台，获取道路服务区管理、环境管理的数据，实现服务区的信息化建设。

（5）智慧路灯上的Wi-Fi热点

实现整个西湖湖滨路旅游景区的无线网络覆盖，实现"无线区域""网上区域"的建设。

8.3.3　项目设计

作为杭州市的地标性地点，上海三思电子工程有限公司在为其进行智慧路灯设计时充分研究了当地的风土人文，结合西湖及杭州独特的城市风貌量身定制了"三潭印月"外形的灯杆，将航船、城郭、建筑、园林、拱桥等要素融入设计中，形成了西湖、白堤、湖滨路及路灯和谐而又清新素雅的景致，彰显江南情调（图8-6）。高品质的工艺、独特的配光设计和强大的智能控制系统兼具了美观度与实用性，为湖滨路的道路照明提供了优越的保障。通过整合智慧监控实现无死角全覆盖，人脸识别实时统计区域内人流数量提前疏导。公共广播定点喊话、公益信息发布、一键求助等技术，实现整个区域内的全面智慧管理。

图8-6　杭州湖滨路步行街智慧路灯杆体设计（图片来源：上海三思电子工程有限公司）

8.3.4　项目建设

针对智慧路灯解决方案，通过融合部署灯杆上放置 LED 显示屏、LED 路灯、公共广播和信息化采集设备以及提供 Wi-Fi 服务实现软 / 硬件系统集成。

在照明方面，该项目采用特定的光学透镜，满足照度与均匀度标准的同时，提高亮度与均匀度，保证特定道路的照明布光需求。支持多种智能调光方式，实现二次节能减排。支持电力线载波（PLC）路灯控制方案，实现远程控制、远程维护。采用新式陶瓷散热主体，芯片可直接贴于陶瓷表面，无 PCB、传热快、散热更理想。采用蜂窝状散热结构，自对流、蜂窝状，近端散热结构保证最快的热传递，确保灯具的寿命，同时灯具的重量大幅减轻。采用镂空结构，减小风阻，灯具使用安全可靠。模组可现场更换，无须拆下整灯，方便组装与维修，该散热技术在 2019 年 6 月由中华人民共和国商务部指导，广州市经济贸易委员会特别支持的，被誉为中国照明界"奥斯卡奖"的阿拉丁神灯奖中获得"最佳工程奖"。

在照明节能实施方面，模块化路灯凭借高光效、低光衰等优越性能被广泛应用于道路照明领域，其能耗较传统光源可以减少 50% 以上。产品采用大功率 LED 照明单元，标准模块搭配独特透镜设计，广泛应用于各种类型主、次干道和快速路。防护等级高，运行稳定可靠，LED 光源部件模块化，便于灯具的规模化生产，安装维修更简便，有效降低了后期维护成本。除了优异的光学、电气性能之外，配合照明物联网系统还可实现 LED 道路照明灯的多级调光，远程监控等智能化管理，使西湖湖滨路景区道路的照明节能最大化。

信息发布创新性设计方面，该项目在深化设计中采用的上海三思传统强项的 LED 显示屏是由上海三思根据创意专门设计、开发、定制的小间距户外型圆形双面 LED 显示屏，在显示屏技术上，上海三思还获得了上海市科技进步一等奖。LED 户外显示屏、公共广播作为信息发布的平台，实现市政信息、公益广告和商业广告的播放。

此项目还集成了智能感知设备，包括传感器（用于监测智能配电盒工作状态）和摄像头。利用路灯天然的地理优势解决了景区感知层设备的供电与载体问题。灯杆上的各种硬件间的互动和贯通是完全由上海三思自主开发的控制系统和软件来实现的，配套智慧路灯控制软件系统，依托平台，实现点（智慧路灯）、线（道路）、面（景区步行街）的三级监控，实现对灯、屏的远程监测和维护。灯杆采用全星型环网的网络规划方式，保证所有监控及设备稳定可控，经过两次汇聚，回传到湖滨路管委会控制中心。

项目一并交付了智慧路灯的软件平台、垂直管理平台，将智慧照明系统、信息发布系统、公共广播系统、紧急呼叫系统及其他系统等各个子系统统一接入智慧路灯管理平台。统一的入口，统一的标准，利用统一的视角进行智能管理，提高数据采集、分析的准确性和高效性，提高管理效率。此外，智慧路灯平台建设还考虑到多角色、多维度的综合业务需求。

1）决策层

决策层关心智慧路灯的可视化数据包括设备情况、运行情况、传感器信息数据等，展示区能耗、费用，通过智慧路灯可视化界面指挥设计整体的技术架构，同时考虑设计整体的技术模型来规范软件、接口、体系标准等关键要素。决策者基于智慧路灯本身的结构和系统特性将子系统集成组合，是针对智慧路灯建设，从全局的视角出发进行整体架构的设计，对整个架构的各个方面、各个层次、各种参与力量、各种正面的促进因素和负面的限制因素进行统筹考虑和设计。决策者以业务为导向，以信息资源为基础，搭建智慧路灯系统，使智慧路灯更好地服务于智慧西湖湖滨路景区。

2）管理层

管理层是在决策者业务架构的基础上进行分类管理。公安城管部门可以根据智慧路灯上集成的摄像头前段人流量、车流量识别功能，通过智慧路灯上的信息发布系统、显示屏和对外广播系统做出及时预警和管理，避免踩踏、交通事故等紧急事件的发生。

3）执行层

执行层会积极响应管理者通过智慧路灯所采集的信息做出的决策，促进城市向更文明方向发展，对突发事件第一时间做出反应，确保城市更安全。

8.3.5　项目运营和效益分析

本项目采用政府直接采购模式，由湖滨九里管委会委托招标代理进行公开招标。政府控制项目整体预算，项目周期为 3 个月，于当年国庆前完成项目验收工作。

本项目在运营效益方面依托于智慧路灯上集成的设备，可实现以下运营收益：

1）照明收益

LED 灯的高发光效率和高显色性使得我们可以采用更小功率的 LED 灯替换原有的高功率的高压钠灯，

根据现有的技术水平，在保持原有路面照明条件下，将 LED 路灯功率下降到原有高压钠灯功率的一半以下是完全可以实现的。

除了功率的下降，电费开支的节省，还可以避免电能浪费，主要通过以下两方面实现：一方面，通过自动跟踪本地日出日落来合理设置开关灯时间，避免电能浪费。另一方面，通过 LED 路灯的集中管控平台，根据照度及各处电路供电情况自动调整照明电压，实现节电节能。

由于本项目采用单灯控制，能灵活控制各杆灯光源功率，因而能在不明显影响总体照度的前提下有效节电，或者在用电量大致相同的情况下，明显提高道路照明效果，因而在取得较好经济效益的同时取得良好社会效益。总体来说，LED 光源加单灯控制可以节能 50% 以上。此外可以解决路灯白天没有电的问题，可以保证线路在白天还可以持续地给其他的路灯加载传感器设备、多媒体设备供电。采用智能控制，实现可观的二次节能。以 200 盏 250W LED 路灯为例计算节能比，没有控制全亮 12 小时；有智能控制 6 小时全亮，3 小时 50%，3 小时 25%。考虑维护系数可节能更多（表 8-1）。

表 8-1　智慧灯杆二次节能分析

控制方式	灯具功率（W）	灯具数量	每天耗电（度）	每年耗电（度）	节电（度）	节电比
无	250	200	600	219 000	—	—
智能	250	200	412.5	150 562.5	68 437.5	31.25%

2）广告收益

此项目建设的 100 多杆智慧路灯全部集成了圆形双面屏，在西湖湖滨路步行街形成了很好的广告效应，通过平台建设的户外公告屏可以实现远程广告投放、广告信息监控和管理、与传感设备自动联动发布等独特功能。可以为政府提供公告发布服务，政府可根据

管理需要远程同时发布各类公告信息，提升政府管理效率，同时户外广告得到了很好的展示与应用，广告面及冲击力比较大。户外广告发布价格是根据不同的地段及版面来决定的。西湖湖滨路广告收益按繁华地段进行收费，产生的收益归业主所有。

8.3.6　项目总结

湖滨路智慧路灯自 2019 年 10 月 1 日正式开放运行，至 2022 年 5 月已正常运行近 30 个月。在交付时交付团队按照湖滨街道的照明需求设置了不同季节、不同场景的照明方案，提供了十分精准的现场照明，不仅可以满足街道的均匀照明，给游客以及周边群众一个比较好的拍照体验，而且大幅度地节省了湖滨街道对于照明用电的能耗。灯杆显示屏以及公共广播除了在平时设置的自动宣传外，也收到了商业广告的需求，实现了街道运营成本的回收。一键告警在这 30 多个月中也起到了十分大的作用，通过告警及时接到多起人员走失事件，配合公共广播，快速找到了走失人员。整体造型以及最终效果能够很好地贴合湖滨路街道的需求，是湖滨路网红街道的一个亮点。整个项目也获得了阿拉丁最佳工程奖。

8.3.7　项目实景

图 8-7、图 8-8 为项目实景。

图 8-8　杭州湖滨路步行街智慧路灯实景角度二（图片来源：上海三思电子工程有限公司）

图 8-7　杭州湖滨路步行街智慧路灯实景角度一（图片来源：上海三思电子工程有限公司）

8.4　上海市七宝古镇智慧景区路灯杆案例

8.4.1　项目概况

随着数字化和信息化建设的推进，现在各地的景区都在不断地进行景区改造升级，各大景区也在不断地利用大数据、物联网技术进行景区升级，用数据完善提高景区的管理效率，优化景区的服务内容和质量，用信息化、智能化手段来经营和管理已是常见手段。

上海七宝古镇位于上海市西南部，是一座既有江南水乡自然风光，又有悠久人文内涵的历史古镇。古镇东邻上海漕河泾新兴技术开发区，西接松江区、青浦区，南靠上海市莘庄工业区，北邻上海虹桥国际机场，是上海市富有影响力的地标景点。

上海七宝古镇智慧灯杆项目就是由上海策笛新能源股份有限公司（以下简称"上海策笛"）在上海闵行区七宝政府和相关部门的大力支持下，基于上海"多杆合一""多箱合一"的建设理念，倾力重磅打造的一个集智慧照明、信息发布屏（LED灯杆屏）、Wi-Fi服务、安防监控、环境监控、微基站、城市广播、喷雾降温等多种功能为一体的智慧项目，将传统特色和新科技理念结合，为景区信息化升级提供更加生动形象的展示平台。本次项目共安装26套400 mm×800 mm规格的单面LED灯杆屏，打造七宝古镇信息化改造，突显景观亮化的应用大优势。

8.4.2　需求分析

智慧景区建设不仅需要进行数据升级，还需要进一步地提升景区的运营效率以及景区管理。

在数据方面，可以通过智慧景区中的大数据，包括游客的人群结构、消费行为等进行多维度建模、分析，从而在最短的时间内为景区管理者提供最为详细的数据结果。通过数据研判不断优化景区产品，对景区的设施以及服务进行升级、控制成本，不仅能提高景区整体经济效益，还能提高景区服务质量。

在管理方面，LED灯杆屏服务于游客，将景区的路线、宣传手册以及宣传片通过LED灯杆屏发布，灯杆屏成了免费智能"导游"。同时可以显示景区的历史文化和各景点的独特之处，另外还有各景点的分布图、路线等，方便游客查询。

8.4.3　项目设计

利用LED灯杆屏、LED广告机为景区打造一个智慧核心入口，做到整个景区都能互联互通，做到景区完全自动化管控，提升整体运营及管理效率。通过对LED灯杆屏系统的二次开发，在景区的出入口部署客流分析系统，管理人员通过手机客户端随时上报景区情况，如游客增多出现拥堵时，相关管理人员从手机客户端看到现场情况并作出处理意见，还可以设计位置导航、停车导航、设施查找、亲友查找、景点介绍、旅游社交、优惠券信息、特色活动等功能。

上海七宝古镇景区改造项目从造型到功能都结合景区进行特色化定制，结合七宝古镇的地域特色，实现了科技、历史文化以及美学设计的统一，为七宝古镇的智慧建设提供了一个快速响应、功能完善、集约高效、智能便捷的智慧平台。

LED灯杆屏外形也需依据灯杆做出定制，适应当地景区特色。同时灯杆屏通过无线网络即4G、Wi-Fi等控制视频、图文的实时更新，实现对七宝古镇LED灯杆屏节目内容的批量发布、定点发布、定时下载、紧急插播等功能，在丰富周围市民的业余生活的同时，更增添一分信息化魅力，以满足景区建设日益增长的文化、信息需求。

此次七宝古镇智慧灯杆项目配备多种功能，便民措施齐全，搭载微基站，不仅能够对照明、公安、市政、气象、环保、通信（5G 建设）等多行业信息进行采集、发布以及传输，今后还能加载更多的功能，并与现有的灯杆应用相融合，共同形成一张智慧感知网络，加速七宝古镇向数字化、网络化、智能化发展，真正把七宝古镇打造成为生态宜居、智慧突显的魅力景区，使"七宝智慧模式"成为上海智慧城市建设的重要标杆。

8.4.4　建设方案

上海七宝古镇项目由于周边环境原因，为配合智慧灯杆的高度，太龙智显科技（深圳）有限公司（以下简称"太龙智显"）选择了 400 mm×800 mm 规格的单面 LED 灯杆屏。

在外形上，力求体现七宝古镇的地域特色，箱体边框选择银灰色，再加上充满韵味与科技感的设计，让灯杆屏与整个杆体的结构相契合。

在管理上则以智能化、高效率的智能集群管理模式取代传统低效的管理模式，如播报异常天气告警、公益广告、天气情况、环境信息等，以提升七宝古镇信息系统管理效率和服务管理质量，降低人工操作和管理带来的风险。

LED 灯杆屏一般安装在智慧灯杆中下部分，规格为 400 mm×800 mm，单面。

信息发布 LED 灯杆屏应符合《发光二极管（LED）显示屏通用规范》（SJ/T 11141—2017）、《发光二极管（LED）显示屏测试方法》（SJ/T 11281—2017）、《电工电子产品基本环境试验规程试验 Z/BM：高温 / 低气压综合试验》（GB/T 2423.26—92）、《电子测量仪器运输试验》（GB 6587.6—86）、《信息技术设备的安全》（GB 4943—2001）的相关规定。

智慧 LED 灯杆屏应满足以下要求：

① 耐高温。

② 发光面显示亮度大于或等于 7000 cd/m^2（可自调或手动调控管理），显示画面刷新频率大于或等于 3840 Hz。

③ LED 灯杆屏防护等级不应低于 IP65。

④ LED 灯杆屏发光表面应避免使用容易产生反射眩光和光幕反射的材料。

⑤ 外观框体采用高强度的金属材质，轻薄且不易吸热，同时导热性高，不会生锈、不会变形。

⑥ 安装位置宜选择靠近人行道侧（不宜靠近机动车道），单面屏的屏面应正对车流和人流方向，安装高度不能影响正常车流、人流通行。

⑦ 同一条道路的节目宜保持同步，确保节目等信息的观赏连续性。

8.4.5　灯杆屏运营

通过 4G 信号，Wi-Fi 等在太龙智显云管理平台进行集群控制，实现无线发射、群发群收，实现对 LED 灯杆屏上信息的定点发布、集群控制、智能管理等功能（图 8-9）。

图 8-9　智能灯杆屏管理平台 [图片提供：太龙智显科技（深圳）有限公司]

8.4.6　风险与效益

传统的户外显示屏如今在消费者眼中已然落伍，不利于平时的宣传和管理。针对上述问题，七宝古镇改造项目利用物联网技术对灯杆屏进行智能化管控，使得 LED 灯杆屏效益最大化，下面从三个方面描述涟水路灯改造项目所带来的效益。

1）经济效益

LED 灯杆屏是智慧灯杆项目经济收益的重要部分，可以为经营商带来广告收益，从而形成稳定的经济收入。本项目按照每套设备平均每天使用 12h 计算，每块屏收益约 1 万元每年，预计两年后能收回成本，第三年开始赚取利润。

2）管理效益

①LED 灯杆屏软硬件的强大加密与操作可以安全稳定地保障每一次信息无差错的准时投放。

②LED 灯杆屏智能操控无须人工巡检更换宣传内容，一键操控提高管理效率。

③可以下载灯杆屏日常播放日志进行数据统计，有利于景区管理。

3）社会效益

（1）提高景区形象

将景区的传统特色和新科技理念相结合，为景区的信息宣传提供更加生动形象的展示平台。

（2）智慧宣传

景区内部可以发布景区各类宣传手册以及注意事项、公益广告等信息，对各种突发灾情的及时通报可以第一时间宣传到位。

8.4.7　项目亮点

1）提升管理效率

利用 LED 灯杆屏为景区打造一个智慧核心入口，做到景区互联互通，做到景区完全自动化管控，提升整体运营及管理效率。开放 API 接口，支持第三方系统接入和集成，信息化应用扩展性极强。通过 LED 灯杆屏系统后台即时观察景区情况，如游客增多出现拥堵时，相关管理人员可以从手机客户端看到现场情况并作出处理意见，进行客流疏导，及时作出反应。

2）提升服务质量

在景区人潮涌动的时候，信息的及时发布显得尤为重要。而 LED 灯杆屏的主要作用便是方便景区信息发布，让景区可通过网络随时发布重要信息，景点微视频、景区导航图、景区通知等。还可以设计位置导航、停车导航、设施查找、亲友查找、景点介绍、旅游社交、优惠券信息、特色活动等功能，进一步提高七宝古镇的服务质量。

3）营销效果

值得一提的是，LED 灯杆屏与传统显示屏相比有着显示画面丰富、高清的优势。LED 灯杆屏的应用优势更为明显，针对性更强、客户黏度更高。因此，LED 灯杆屏在七宝古镇的应用可以大大增强广告效应，播放景区的宣传手册以及注意事项或是宣传广告，可以显著提高景区的营销能力，同时降低营销成本。

8.4.8　项目实景

图 8-10 为项目现场实景。

图 8-10　七宝古镇智慧景区路灯杆造型设计 [图片提供：太龙智显科技（深圳）有限公司]

8.5　智慧旅游中的智慧灯杆案例集锦

8.5.1　福州市"上下杭"隆平路步行街智慧灯杆项目

案例位于福州市"上下杭"隆平路步行街，智慧杆具备摄像、人脸抓拍和识别、一键告警、高清屏幕、网络音响等智慧功能，支持文化展示、商业广告、市政宣传等多元化、立体式展示输出，采用了最新自主研发的智慧灯杆运维管理平台"星核 3.0"，广泛兼容智慧灯杆多源异构设备，智能联动，满足不同项目个性化管理需求等（图 8-11）。

高度：8m（深灰色）

产品描述

① 具有观赏性和使用价值，为街区与休息区提供良好的环境与功能照明
② 简约时尚的外形设计
③ 灯体为优质钢材，表面热镀锌后喷涂户外专用塑粉
④ 独特的光学和散热结构设计，保证灯具高效、可靠地工作

配套功能

智慧照明　无线Wi-Fi　区域监控　信息发布　环境监测　一键报警

图 8-11　福州市"上下杭"隆平路步行街智慧灯杆项目实景与造型设计（图片提供：济南三星灯饰有限公司）

8.5.2　福州市乌山智慧景区灯杆案例

案例位于福州市乌山历史风貌区，智慧杆采用庭院灯定制设计，融合乌山标志设计，底座表面嵌入中式窗格纹样，体现厚重的文化底蕴，主要部署在景区主干道重要节点及四个主园区，实现全域有效覆盖。包括智慧照明、基础照明与智能化控制、摄像头监控、无线 Wi-Fi 覆盖、景区广播、一键告警、环境监测等常用设备（图 8-12）。

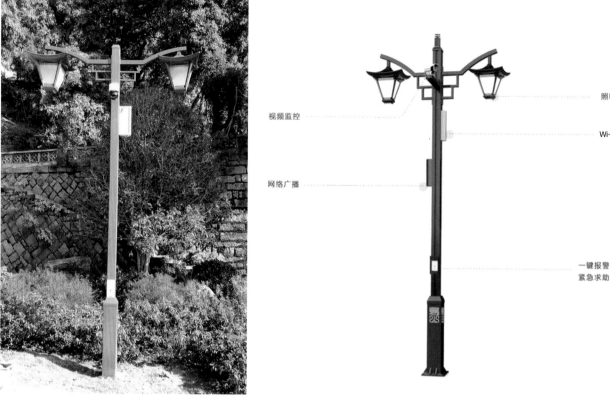

图 8-12　福州市乌山智慧景区灯杆案例实景及造型设计（图片提供：福建思伽光谷照明科技有限公司）

8.5.3　唐山市花海智慧灯杆案例

唐山花海项目占地 11.02 km²，是河北省重点打造的城乡生态文明建设生态修复的样板工程，整个规划区域全部采用 LED 智慧路灯建设，实现路灯的智能调光、统一管理、节能照明。根据智慧景区的业务需求，智慧路灯杆系统将视频监控子系统、云广播子系统、人员密集度检测子系统、紧急求助子系统、道路管控子系统等进行结合，并通过云存储、互联网、人工智能等技术实现多业务模式的统一管理和切换，实时掌握景区全局和动态信息。实现各系统、各层面事件的及时、精准响应和统一调度（图 8-13）。

图 8-13　唐山花海智慧杆案例实景（图片提供：中智德智慧物联科技集团有限公司）

8.6　智慧旅游中的智慧灯杆案例集锦

经过诸多智慧灯杆项目案例的运营实践和成效体现，智慧路灯杆系统的功能性和适用性都得到验证。智慧路灯杆不仅可以成为智慧旅游场景中的智慧入口，实现多设备、多设施、多端的互联互通，提升整体运营及管理效率，实现经济效益的显著增长，而且对于智慧旅游的长期发展需求，智慧路灯杆系统同样具有强信息化应用扩展性的优势，诸如支持第三方系统接入和集成，设备功能扩展升级，5G 应用、AI 应用开发等，提前为未来智慧旅游的发展创新打下了硬件和平台基础。

智慧旅游中的智慧灯杆应用展望共分为以下几个方面:

1）持续发挥新基建优势，让数据赋能智慧旅游

智慧路灯凭借一杆多用优势，集成智慧 LED 灯具、单灯控制器、监控摄像头、微基站、LED 显示屏、紧急呼叫、应急广播等功能设备，全域采集环境质量数据、道路通行数据、环境承载数据、安防保障数据、消费与能耗等多种场景数据，使智慧灯杆成为智慧旅游场景的信息采集终端和便民服务终端，持续提高旅游体验。

2）推进融合前沿技术，打造智慧旅游与智慧城市一张网

智慧路灯杆可通过搭载 5G 网关、AI 网关、边缘计算模块，同时将智慧旅游、智慧交通、智慧安防、智慧市政、智慧用电、5G 微基站等整合于一体，打破数据孤岛，建立设备物联，实现各个子系统之间互联互通，构建智慧旅游与智慧城市一张网。

3）开拓智慧旅游新功能，提供更贴心的场景化应用服务

针对智慧旅游各个细分使用场景，智慧路灯杆还可结合环境特点，开发出更多专业服务与应用，诸如水、土、气监测，景区无人驾驶协同，5G 与无人机，清洁能源智慧杆等，为智慧旅游带来无限可能。

第 9 章

智慧高速公路中的
智慧灯杆经典案例

9.1　智慧高速场景中的智慧灯杆需求分析

随着国民生活水平在不断地提高，大家对于安全、高效、便捷的出行需求也在不断地增长，这也在促进我国智慧高速公路的发展。"人享其行，物畅其流"是智慧高速的使命。高速公路虽然属于公共基础设施，但运营主体权责清晰，属于企业性质，以效益为目标，在"投资—回报"模式下，有动力在保障安全的基础上提升道路运力和服务水平。

当前，传统高速公路存在碎片式信息采集，被动的事后处置，间断式推送服务等不足，智慧高速的建设是为了促进人、车、路与环境之间的深度融合，实现高速公路的建设、管理、养护、运营以及服务全生命周期的数字化和智能化。智慧高速集感知、管控、服务等于一体，做到精细化管控，提升高速公路的总体管控效率，其特点主要体现在智能、高效、绿色和安全四大方面。

自 2018 年国内 9 个地区的智慧高速试点工作开展以来，智慧高速试点段的智能感知设备主要依托于高速路侧灯杆而建设，目前基础性的探索阶段已经结束。"十四五"期间，智慧高速将进入规模性的建设阶段。智慧高速的发展将经历以下三个阶段：

1）基础设施数字化

主要目标是提升高速公路感知能力，构建高速公路主体及附属设施监测、交通运行状态监测及公路气象环境监测，融合应用多种监测设备，实现人、车、路、环境的状态感知。

2）服务与管理智能化

高速公路实现立体感知和整体协同，通过数据分析赋予车主信息服务、车道级管控服务、全天候通行、自由流收费、智慧服务区等。

3）构建车路协同一体化应用体系

构建的基础设施除了要支持当前业务的正常运行外，还要满足未来智能化应用服务的演化。

本章中关于智慧高速运用场景的阐释主要围绕智慧灯杆挂载设备所展开，根据以往的项目经验来分析，高速公路分为城市高速路、城市快速路及高速服务区等应用场景，在不同的应用场景下，项目的需求也有所不同。城市高速路和城市快速路旨在为往来车辆提供快速安全的通行服务，而在高速服务区，则旨在给停留的游客打造一个舒适便捷的休息场所。这类项目建设时，除了考虑最基本的照明需求外，还需综合考虑各场景下的功能需求，将项目建设成一个真正能为出行服务的智能型高速公路。

9.2　京雄智慧高速项目

9.2.1　项目概况

本项目所涉及的京雄高速是雄安新区"四纵三横"区域高速公路网的重要组成部分，是连接北京城区和雄安新区最便捷的高速通道，是促进雄安新区规划建设及京津冀区域协同发展的重要经济干线，也是雄安新区连接北京新机场的主要高速通道。建设京雄高速（含大兴国际机场北线高速支线），是进一步加强雄安新区与北京首都的社会经济联系，实施雄安与北京之间高速公路网规划，加快区域综合运输网建设，促进区域社会经济协同发展的需要。

与传统的高速外场设备建设和管理的各自建设自成系统不同，京雄高速是全国第一条以智慧路灯为节点建设的智慧高速，是打破原有高速外场智慧化设备运作管理模式壁垒的首次尝试，是多传感器融合系统平台在智慧高速上的创新性应用与探索。

9.2.2 需求分析

与传统高速公路不同，智慧高速需要具备对路网运行状态的实时监控，管理系统能够实时准确地给出资源配置，确保车辆能够快速、安全通行，管理部门通过系统给出的分析数据可以快速制定各种场景下的应急方案，提高工作效率。京雄高速作为国内率先打造的"五个全国先行的样板路"所应用到的 LED 陶瓷像素路灯、LED 照明灯具、收费站顶棚式情报板、LED 可变限速标志、门架式大型情报板、LED 交通诱导屏等道路照明与智能交通类的 LED 设备及控制系统均由上海三思电子工程有限公司研发、生产与运维。数万台设备形成了一套涵盖路灯、灯杆屏、诱导屏、情报板等产品的控制系统，给出了一份完整的全天候照明、显示与交通指引的综合解决方案。

并且本项目综合运用北斗高精定位、窄带物联网、大数据、人工智能、自动驾驶等新一代信息技术，提供车路协同、准全天候通行、全媒体融合调度、智慧照明、综合运维公众化等智能服务，逐步实现管理决策科学化、路网调度智能化、出行服务精细化、应急救援高效化。这是工业互联网技术在智慧高速建设方面的一次重要突破，是工业互联网与电子信息、智慧交通融合的标志性应用场景。

9.2.3 项目设计

本项目为满足智慧高速的建设需求，以可搭载信息物理系统（CPS）传感器、通信及信息发布模块的智慧灯杆为互联网主节点系统，形成智慧高速信息坞，在满足结构力学的前提下，在信息坞方案上，上海三思电子工程有限公司采用了卡槽式路段杆，使得设备挂载方式更为简便。除此之外，灯杆上还可挂载 5G 基站，为车路协同技术提供通信信号基础。

与此同时，针对节点系统各组件模块数据接口协议多元化、非协同的问题，提出了以边缘计算为基础的多种数据传输控制接口协议的定制化方法，形成下沉模块最近尺度处理的相融化技术，实现了多模态异构、多协议数据的归一化，既提高了实时数据前置处理的响应速度，又为多传感器融合系统平台建立了扎实的基础。基于这些研究成果，研究构建了内含嵌套结构的节点自组内网、区域一主多从子网，并形成覆盖高速公路全局的集群分布式互联网体系。另外，基于互联网网络设备弱中心组网思路，将高速管理决策网络系统分层次部署，并提出相邻或上层节点接管故障节点的策略，以及节点恢复后自动回切快速愈合的方法，实现高可靠、可自愈的网络接入型智慧高速运维管理平台（图 9-1、图 9-2）。

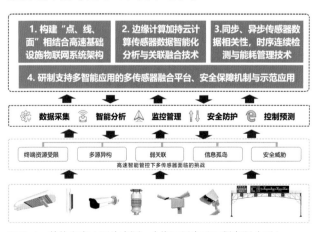

图 9-1 总体方案（图片来源：上海三思电子工程有限公司）

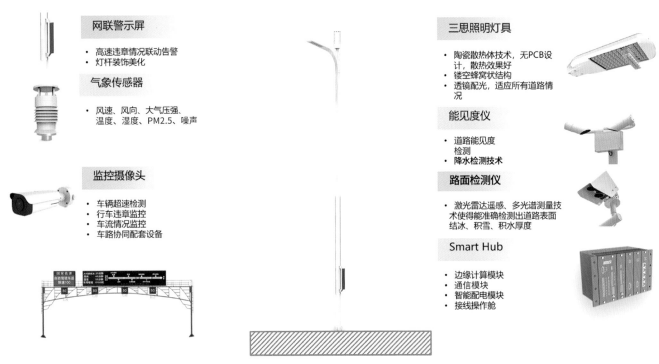

网联警示屏

- 高速违章情况联动告警
- 灯杆装饰美化

气象传感器

- 风速、风向、大气压强、温度、湿度、PM2.5、噪声

监控摄像头

- 车辆超速检测
- 行车违章监控
- 车流情况监控
- 车路协同配套设备

三思照明灯具

- 陶瓷散热体技术，无PCB设计，散热效果好
- 镂空蜂窝状结构
- 透镜配光，适应所有道路情况

能见度仪

- 道路能见度检测
- 降水检测技术

路面检测仪

- 激光雷达遥感、多光谱测量技术使得能准确检测出道路表面结冰、积雪、积水厚度

Smart Hub

- 边缘计算模块
- 通信模块
- 智能配电模块
- 接线操作舱

图 9-2　智慧高速灯杆功能（图片来源：上海三思电子工程有限公司）

　　上海三思在现阶段将目光放在了道路的感知以及道路与行车人员的交互上，突破了原有车路协同偏重于自动驾驶的追求，旨在以信息化和智慧化的手段通过增强人与路的互动起到增加道路驾驶安全性，提升道路通行能力的目的。对于照明来说，白光显色指数高则还原能力强，高色温是路灯照明的更优选择。但一些多雾、多霾地区为了提升低能见度情况下的可视距离，往往会牺牲对于显色指数的追求而选择低色温路灯。为解决这种问题，上海三思依托创新技术实现400 W以下的变色温路灯。以变色温路灯为技术基础，以道路传感器为感知的"眼睛"，根据实际现场多变的天气情况自主构建数据模型，结合日出日落时间，道路实时能见度数据，实际车流情况等信息进行智能照明、调光、调色的功能，实现道路的全气候照明要求，提高通行效率（图9-3）。

► 变色温路灯：灯具的色温根据天气、季节的变化而变化，同时结合人体生理节律，抑制驾驶员的褪黑素分泌，为驾驶员提供安全、稳定和舒适驾驶视水平的照明需求。

图 9-3　不同环境下的色温选择（图片来源：上海三思电子工程有限公司）

以提升复杂天气如大雾与大雨等条件下，高速公路通行能力为着力点，基于复杂天气条件下路面光照反射特性、路面照明质量与驾驶安全关联性等基础理论研究，考虑理清驾驶员、车辆、路况、流量、不同光照等要素间的相关性，验证形成对应的算法模型，突破长期阻碍相关应用技术发展的短板。同时，依托广泛分布于高速公路智慧灯杆上承载的路灯和信息感知、5G 通信等设备，以理论研究成果为基础构建网络型区域化信息感知系统，研究实现复杂天气条件下高速公路区域化 LED 路灯群 AI 调光、调色温决策控制技术，动态调整路面光照参数，缓解驾驶员疲劳，并实现全线照明"车来灯亮、车走灯暗"的效果，有效地降低照明能耗。另外，配合 LED 可变限速标志、LED 交通诱导屏等设备，以高速公路路侧智慧灯杆、情报板和龙门架上的显示屏为切入点，基于互联网组成的区域化信息感知系统进一步研究高速公路区域化显示屏群光影诱导技术，形成新颖且形式多样的高速公路通行诱导光带，以实现复杂天气条件下高速公路通行能力的全面提升（图 9-4）。

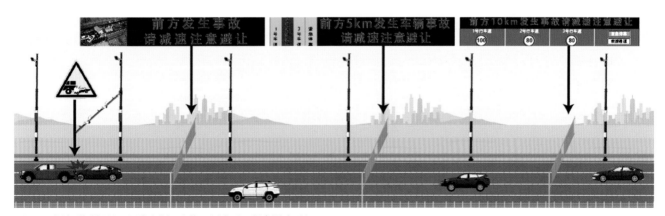

图 9-4　设备联动场景（图片来源：上海三思电子工程有限公司）

为保证高速公路 24 小时安全、快速通行，本项目依托集群分布式互联网体系，以智慧信息坞进行管理，实现对路测器及传感器等物联网设备的接入。利用杆体集成的网联警示屏根据不同路况信息、气候情况进行光电诱导，解决门架式情报板之间诱导信息"空白"情况，构建全场景的车流诱导系统，在保证安全驾驶的情况下极大程度地提高了整体的通行效率。在运维管理方面，通过自主研发的边缘计算网关，联合外场设备以实现运行中高速外场设备的各场景联动，将车、路、灯、屏等单独的外场部件除了物理上的统一外，还在业务流上进行了整合。同时具备智慧系统运维流程，智能化的联动操作策略，减轻紧急情况响应时间以及运维工作对人员的压力，实现一网通统管、一图通视、一平台统筹，完成智慧高速感知层的建设。

9.2.4　项目建设与运行管理

本项目的建设模式为政府公开招标的方式，整个项目分为 8 个标段，每个标段都有智慧灯杆、车联网路侧设备、网关、诱导屏系统。

上海三思针对京雄高速以智慧灯杆为主节点载体的集群分布式互联网体系，设计了具有相关性嵌套特点的点、线、面网络拓扑解决方案，即以智慧灯杆为网络节点单体，适应于自然物感功能的有限面积（点状）的自组内网。基于智慧灯杆网络节点单体可形成适应于物理流量线状的区域化一主多从子网。以若干个一主多从子网系统为基础构建灵活扩展的覆盖高速公路全局的集群分布式互联网体系。

如图 9-5 所示，所有灯、诱导标志屏通过 485 线接入边缘智能箱中的区域控制器内，再由光纤与服务器端的控制软件 StarRiver Pro 相连接。由于控制软件 StarRiver Pro 为上海三思自研软件，在该项目上只能实现对三思自研设备进行控制，而实际上该项目不仅只有上海三思的设备，还接入了其他厂家的设备，所有的设备都需接入统一的平台，因此软件通过北向 API 接口与中心控制平台相打通，使得用户最终只需要通过一个平台就能对所有的设备进行控制，避免多平台运行，大幅提升了客户的工作效率。

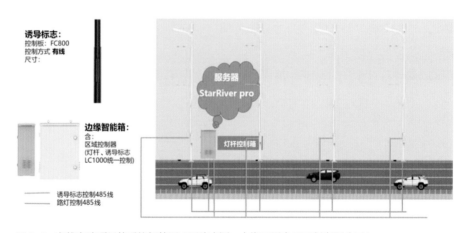

图 9-5　京雄高速项目的系统拓扑图（图片来源：上海三思电子工程有限公司）

9.2.5　项目效益

1）社会效益

作为全国第一条智慧高速，京雄高速智慧设备的建设，对推进我国智慧高速的建设，完善智慧高速管理效率，提升人民出行生活质量，具有非常积极的作用和价值。

依托灯杆上所挂载的诱导屏可为行车提供交通状态判别、服务区匝道入口引流、服务区汇流引导灯服务。高速公路上通过检测交通状态可以进行组织优化，当当前交通状态较为拥堵时，智慧路灯可以显示距离服务区的距离提醒还在驾驶的人员可在下一服务区进行休息等待，以减少路段上的流量，缓解交通拥堵。

本项目选用可变色温灯具，可通过照明控制策略对晴天、雨天、雾天三种情况进行照明策略调整，通过对照明等级和色温的智能调控来实现对高速路上的照明决策，给往来车辆提供舒适的行车环境。

2）经济效益

本项目共建设智慧路灯 3 300 余杆，基于上海三思所提供的可变功率路灯以及其照明策略模式，理论上对于京雄高速公路在非雨天可实现 30% 的节能，即使受到实际理论限制只能达到 10% 的节能，这一数据也是很可观的。随着我国城市化建设的加快，路灯建设数值将不断增长，如果所有的灯具都采用这种模式，将大大降低照明能耗，提高电能利用效率。与此同时，还能够促进国家新能源建设的健康发展，更能为国家环境污染治理工作的改进做出巨大贡献。

9.2.6　项目总结

上海三思在该项目中的建设为京雄智慧高速全线提供了诸多智慧中枢。这些智慧中枢以智慧灯杆为基础，整合了能见度检测仪、边缘计算设备、智慧专用摄像机、路面状态检测器等多种新型智能外接设备，利用北斗高精度定位、高精度数字地图、可变信息标志和车路通信系统等，可以提供车路通信、高精度导航和合流区预警等服务，具备了智能感知、智慧照明、节能降耗等功能。同时在本项目开发设计阶段就已经融入了照明决策模式的研究成果，相应的照明系统不仅可以根据经纬度、时间表等信息执行预制的照明控制策略，还可以进行亮度与色温调节。通过灯杆传感器获得的气象数据，在大雨、雾霾等低能见度情况下启动相应的色温、亮度调节，全天候保障驾乘人员的目标可视度。通过网联警示屏，当高速发生异常的情况下能产生联动，用于警示行车司机提前规划驾驶方案，可通过调整显示颜色，对灯杆起到装饰作用。通过可变信息情报板结合百度地图提示车辆前方道路实时路况，除此之外还能用来发布宣传信息，如提醒用户不要疲劳驾驶、当前路段限速信息等。本项目上所应用的相关研究成果已经完全达到了

大规模实际应用的技术水平和程度，其技术的稳定性、可靠性、实用性也得到了业主单位的充分肯定。

本项目方案的实施落地不仅是上海三思在 LED 智能交通类产品和应用实践上的研发突破，也是智慧高速系统中最直观的创新技术亮点，并且有效助力于京雄高速创建智慧交通和平安道路体系愿景的实现。这一成果在打造"五个全国先行样板路"规划纲要中承担极其重要的角色。

9.2.7　项目实景

图 9-6 ~图 9-8 为项目实景。

图 9-6　京雄高速公路沿线照明设施（图片来源：上海三思电子工程有限公司）

图 9-7　京雄高速现场实景角度一（图片来源：上海三思电子工程有限公司）

图 9-8 京雄高速现场实景角度二（图片来源：上海三思电子工程有限公司）

9.3 绍兴市中环快速路项目

9.3.1 项目概况

绍兴市于越智慧快速路东起越兴路，西至鉴水路，是 2022 年杭州亚运会绍兴分会场的重点配套工程和绍兴市"六横八纵"智慧快速路交通路网的重要组成部分。该项目集合了建筑信息模型（BIM）、结构健康监测（SHM）、智慧交通（ITS）、智能车路协同系统（IVICS）、智慧照明（ILS）五大数字化智慧系统。

其中智慧照明（ILS）应用了浙江方大智控科技有限公司（以下简称"方大智控"）基于 FondaCity 智慧城市系统开发的智慧照明综合管理平台实现快速路设计、建设、运维等全生命周期数字化、信息化、智能化管理。

除此之外，大屏画面上还可反映当前气象信息、设备用电量与实时警报、辅助工程检修、设备管理与任务派发。将路灯控制器、亮化控制器、摄像头、广告屏及井盖等物联网设备连成一张无形的"万物之网"，底层物联网设备作为城市的"感官"，全方位采集信息，向城市"大脑"提供决策依据，实现数字孪生。在这种天幕网络之下，联动交通、警务、市政等政府管理系统，云网端与软硬件一体化构建智慧城市应用闭环，赋能城市智慧化升级，为智慧城市建设提供多种大数据。

项目建成后为推进绍兴创新发展、融杭联甬接沪增添新动能，对助推绍兴加速融入浙江省大湾区和长三角一体化发展，构筑绍兴城市大框架和提升绍兴城市能级具有重要意义。

9.3.2 需求分析

1）市场环境需求分析

党的十九大明确了"交通强国"的建设目标，即 2035 年进入世界交通强国行列。从"交通大国"迈向"交通强国"，数字化转型成为必由之路。大力发展智慧交通，构建先进的交通信息基础设施，加强运行监测检测是政策引领。加上 5G、云计算、大数据、物联网、人工智能的技术驱动，集合车联网加 AI 的技术创新、交通与商业相结合的模式创新、互联网与出行的服务创新于一体的智慧交通是大势所趋。是以衍生出了"人 + 车 + 路"互信协同，更安全、更高效、更便捷出行的智慧高速愿景。

2）项目环境需求分析

绍兴市于越智慧快速路项目的重要性是对快速路的智慧化提出了创新性需求，智慧照明是智慧快速公路交通的重要组成部分。随着城市照明的快速发展，在代理城市美观、形象提升的同时，也出现了能源浪费、照明不平衡等问题，急需一套专业的智慧照明管理系统来兼顾节能减排，有序适度调控照明策略，实现对城市照明运行以及维护的全生命周期精细化管理。

9.3.3　项目设计

方大智控在整体项目中建设了基于 FondaCity 智慧城市系统开发的智慧照明综合管理平台，即智慧照明（ILS）平台。主要包括节能控制与景观效果系统、照明运营与养护管理系统两大系统的建设。节能控制与景观效果系统主要包括高架快速路功能照明灯具的照度调节、节能管理、单灯控制等功能，构建"单灯、区域、中心"的三级控制管理架构。包括高速快速路景观照明的效果预案、灯具位置 GIS 呈现、启用及控制策略等功能。照明运营与养护管理系统主要包括高速快速路功能照明的资产管理、能耗监测、异常告警等，以及快速路智慧路灯的设施运行监控、信息发布管理、异常告警、GIS 展示、设备配置、管理策略设置、能耗管理等功能，以及包括一杆一档、养护计划管理，故障维修、派单反馈等功能。

9.3.4　项目建设与运行管理

项目建设包含智慧照明（ILS）平台建设和节能控制与景观效果系统建设。

节能控制与景观效果系统具备五遥功能，经纬度与传感器（微波感应传感器、光照传感器、车流量传感器、环境监测传感器）以及任务策略开关灯，自动巡检、实时监测和动态调整照明的运行参数，实时监测照明和线路的运行状态，警报故障信息的管理和照明相关数据的统计分析等。实现了照明远程控制、节能、安全防护和精细化管理、监控情况数据化分析、故障信息精准化定位、照明管理智能化控制。配合其他子系统可实现"点、线、面"或"单灯、区域、中心"全域照明设备全环节数据采集监控的深度覆盖和照明智能化管理。利用单灯控制器、集中控制器合理调整策略，包括高架快速路景观照明的效果预案，灯具位置 GIS 呈现，启用及控制策略等功能，实现对不同设备执行不同策略，软硬件相结合实现安全、节能管理。

1）照度调节

系统具备智能照度调节功能，在确保灯具能够正常工作条件的情况下支持照明及在混合电路中使用。适应性强，能在各种恶劣的电网环境和复杂的负载情况下连续稳定地工作，同时还将有效地延长灯具寿命和减少维护成本。

系统支持灯具的远程手动调光功能，支持经纬度与光照进行智能开关，策略开关灯、自动巡检、实时监测和动态调整照明照度。具备独立的任务管理界面，可进行设备分组管理，支持工作日、双休日、节假日、临时策略配置调光功能，可对全年每日的调光策略进行设置，控制、监控可视化管理以及策略应用。

2）节能管理

系统支持有效地控制能源消耗，提高路灯寿命，降低维护和管理成本。利用单灯，智慧城市中人流、车流、电缆运行数据，合理调整策略，实现半夜熄灯、降功率等节能效果，并将节能成果进行数据展示。

系统支持时间控制器和光照控制器相结合的方式进行开关灯控制。支持模拟光敏设备和数字光敏设备的数据采集及显示，可设定默认光敏设备，以此作为中心站软件光照控制器开关灯的数据源。数字光敏也可根据光照度算法，计算中心站软件的开关灯照度值。

3）单灯控制

系统支持控制、监控可视化管理，照明单灯、灯杆、配电柜回路、传感器的动态地图管理，单灯控制器可根据供电关系和通信关系与上下级设备形成多种关联方式。系统支持时间控制器和光照控制器相结合的开关灯控制，系统提供手动和自动两种控制方式。

支持分组群控开关灯操作。参数巡查可提供站点参数的群查和群发功能。单灯具备独立的控制策略配置，开关灯时间点则可设置按定时时间或是与系统开关灯时间一致两种方式。支持以灯杆为单位的多单灯控制器组合功能，并能设置灯杆每一路输出所对应的单灯控制器及其输出回路号。单灯监控、管理的功能有远程开关、调光、支持状态查询、定时控制、故障告警、主动上报、系统显示、数据报表统计、设备管理、对站点及单灯控制器程序的远程升级、扩展电缆防盗等功能。

4）高架快速路景观照明

景观照明以控制中心为核心，以终端控制器为重点，以通信设备和网络为纽带，综合无线通信网络、计算机控制系统、物联网技术、地理信息系统技术，以先进的计算机技术为保障的程序化、模块化、网络化、智能化的智能控制系统。通过此系统，可有效管理路灯、景观亮化、楼体立面亮化系统的运行，为城市美丽的夜景又增添一道风景。

基于互联网传输控制协议（TCP）、网络互联协议（IP）的远程控制和管理系统可实现多地点的景观照明项目之间同步联动，展现出震撼的巨幅城市灯光效果，是城市景观一道亮丽的风景线。其远程管理单元可在任意可接入互联网的地点登录，并对整个项目进行全方位的管理。

系统支持 PC 端和移动端的控制要求。可配置用户权限配置，具备四级以上控制管理功能，支持网络状态监测、能耗监测、电流电压监测、场景运行监测、报表打印等功能。支持第三方设备、系统接入联动控制，支持"一键"场景联动控制功能，支持远程修改强电模块、LED 分控器、本地网关服务器等参数。支持在线故障处理功能，支持远程编辑动态照明变化方式，并可在非开灯时间进行下载传输等功能。可提供手动和自动两种控制方式。支持时间控制器和光照控制器相结合的开关灯控制等。

系统支持管理基础数据、全域搜索、状态变更同步以及状态同步（设备、地理位置）。支持高级数据统计展示，支持驾驶舱功能，辅助数据决策展示。系统支持监控智能策略、安全管理（智能锁、电气、电缆防盗、单灯等物联网设备的警报安全联动分析，智能故障判断、提示等）、设备管理、警报清理、警报排重。系统支持监控生产智能分析，故障原因分析、处理建议（处理方案、备料推荐），工单推送。

9.3.5　项目效益分析

绍兴于越快速路是浙江省绍兴市第一条建成开通的快速路，也是全国首条支持高级别自动驾驶的路网级智慧快速路，全国最全数字化业务系统的智慧快速路和全国首个将自动驾驶车辆进行管理业务应用化的智慧快速路。于越快速路的建成通车也拉开了绍兴市区快速路网陆续建成通车的序幕，拉近了杭州与绍兴亚运场馆间的时空距离，为推进长三角一体化和绍兴市三区融合提供了有力支撑和坚强保障。

该项目作为高速公路智慧照明的先行样板，开启了绍兴市智慧照明工作的新局面。通过智慧照明系统在内的五大数字化智慧系统的数据平台开放共享，实现高速道路运行数据的互通，提高高速道路管理的精准，推动了智慧高速的建设，提升了高速公路综合治理能力，实现了高速交通与数字经济、智慧城市发展的深度融合，也催生出了更多跨行业的创新应用。项目作为智慧城市建设平台搭建的重要支持，也可以应用于城市管理的多个场景，比如户外道路、未来社区、智慧园区、智慧景区、智慧校园、智慧交通等，产生政治、科学、经济及社会多方效益。项目主要用户可以涉及管理城市的多个部门，同时项目带来的物联网技术领域的最新成果、创新技术既可以用于国内智慧高速的建设，也可通过共建"一带一路"倡议推广海外市场。

9.3.6 项目实景

图 9-9 为项目实景。

图 9-9 通车实景（图片来源：浙江方大智控科技有限公司）

9.4 智慧高速公路中的智慧灯杆总结和展望

当前构建的基础设施除了要支持当前业务的正常运行外，还要满足未来智能化应用服务的提升。就目前而言，传统高速公路存在碎片式信息采集、被动型事后处置、间断式推送服务等不足。而"智慧高速"的设施数字化、运输自动化、管理主动化、服务个性化的发展理念已经基本确立，未来将进入规模化建设阶段。未来的智慧高速将形成以下几个特点：

1）全要素、全时空感知

借助高清视频、北斗定位、专用传感器等多种类型检测设备，搭建全要素、全时空感知体系，对高速公路数据进行采集、高可靠传输是推动伴随式信息服务、实时交通管理等应用的关键。基于全要素、全时空感知数据等挖掘，将更好地推动高速的智慧化升级迭代。

2）精细化管控提升高速效率

基于高速公路的智能感知、动静态运行数据分析，可以精准识别关键匝道、主流量通道，可以有力赋能动态道路控制，实现车流提前引导及管控，从而提升高速公路通行事件的应急处置能力。

3）拓展高速新"商业空间"

当前高速公路的商业模式"天花板"很低。但面向未来，基于大数据、人工智能、融合感知、自动驾驶、车路协同等新技术，编队驾驶、无线充电、订阅服务等新商业模式将迎来新的增长，极大地拓展智慧高速的商业空间。

第 10 章
智慧灯杆重点发展
方向和挑战

10.1 智慧灯杆发展面临的挑战

在新型基础设施建设的背景下，智慧灯杆作为智慧城市建设的重要组成部分，可以有效地实现城市整体运营的降本增效。但是由于其相关政策、国家标准以及行业标准较少，市场需求不明确，以及盈利模式不明晰等问题，导致智慧灯杆发展面临多方面的挑战。结合前文的案例分析总结和中国通信标准化协会发布的《智慧杆塔产业和技术标准白皮书》，总结挑战如下：

10.1.1 需求众多，建设运营模式多样

智慧灯杆应用场景多样，包括道路、城区、园区、旅游区、高速公路等。场景多、需求复杂，不同的业主要求各有不同。在建设过程中，模式多样，需要梳理业务的多样化需求，探索行之有效的建设运营模式。

10.1.2 多部门资源共享，信息互联互通困难

智慧灯杆是多种设备设施和技术的综合体。通过智慧灯杆搭载不同的感知终端能够完成对照明、交通、公安、市政、气象、环保、通信等不同领域的数据信息采集、发布及传输。与此同时，作为5G时代车联网建设、云网建设以及通信网络建设的重要组成部分，智慧灯杆也将得以应用。

然而，目前我国基础设施建设管理职权分散，运营主体涉及多部门，数据源也分散在各个管理部门，导致运营商与涉及的不同部门之间关于业务的沟通协调极为复杂。如何打通"多级管理"，从本质上消除"数据孤岛"是目前推进智慧灯杆市场化运营的一大挑战。

10.1.3 标准众多，需要定制智慧灯杆共性标准

智慧灯杆是多学科、多领域交叉融合的产品，涵盖市政、交通、公共安全、照明和环境等多个细分领域，跨领域、跨专业属性明显。由于智慧灯杆系统化标准

缺失，各厂商的设备接口标准不一，且质量参差不齐，导致各组件兼容性和通用性差，整体性能低、故障率高等情况，不利于智慧灯杆的规模化部署及应用。

针对智慧灯杆产业规范化发展、规模化部署的新形势和新需求，完善统一的跨领域、跨专业的智慧灯杆设计、生产、验收、测试等共性国家与行业标准体系，指导各地智慧灯杆的建设，促进智慧灯杆产业健康有序地发展，为未来实现跨省市、跨系统和跨平台数据互联互通奠定基础。

10.1.4 与新基建融合面临运维和兼容性挑战

5G技术和创新应用的不断成熟将驱动智慧杆塔与5G进一步融合发展，智慧杆塔为5G覆盖提供保障。5G宏基站覆盖半径在200m以上，微基站覆盖半径为50~200m，当前5G基站的建设以宏基站为主。随着网络覆盖和容量需求不断提升，5G建设对于站址的需求将不断增加。复用智慧杆塔适宜的点位分布和供电、光纤资源，在盲点地区和热点地区部署5G小微基站可以有效补盲、补热。此外，5G毫米波技术正在走向成熟，将提供数倍于中低频段的可用带宽资源，但高频特性也决定了基站覆盖范围将会进一步缩小，对于智慧杆塔共建共享的需求也将提升。另一方面，智慧杆塔为5G创新应用提供支撑。R16版本实现了5G从"能用"到"好用"的过渡，增强了"to B"服务能力。R17版本的关键步骤已于2022年6月完成，将更全面地覆盖"to B"业务，以及进一步增强边缘计算、网络切片等能力。智慧杆塔可与业务场景就近融合部署，且具有承载5G应用终端的能力和智慧化管理的能力，可灵活贴合各类5G创新应用的个性化通信需求和终端部署需求，并保障业务的可靠运行。智慧杆塔功能终端通信模式也可向5G迁移，增加部署灵活性。

智慧杆塔与 5G 进一步融合发展面临以下挑战：

一方面，需充分理解挂载通信基站对杆塔建设运维带来的挑战。挂载通信基站的智慧杆塔，本质上是电信网络基础设施，其可靠性、可用性、安全性及建设、运维管理应符合电信网络基础设施相关法规和标准的规定。在新建或改建杆塔时，需充分考虑 5G 建设对杆塔的附加需求，如供备电保障、传输资源、物理承载、防雷、抗风、抗震能力及动力环境监控等。另一方面，需充分考虑智慧杆塔其他功能系统与 5G 设备的兼容性。智慧杆塔本身是多系统综合体，通信基站的挂载进一步增加了系统的复杂性和脆弱性风险。5G 创新应用终端的挂载对于挂载位置、供电、通信汇聚、算力、平台架构以及安全性等功能提出新的要求。5G 基站或终端设备与智慧杆塔其他系统间的电磁兼容，以及供电、通信、安全需求的均衡与融合都是需要关注的问题。

10.1.5　全面支撑数字化建设面临隐私保护挑战

"十四五"规划纲要提出"以数字化助推城乡发展和治理模式创新，全面提高运行效率和宜居度"。一方面，智慧杆塔集约共享地实现公共基础设施智能化、数字化改造。智慧杆塔可承载交通、公安、城管、环卫、环保、农业、通信、能源、气象、消防、抗震减灾等多方面基础设施设备，共享空间、供电、通信资源。在通信网络、云平台和边缘计算的赋能下，基础设施设备网络化、智能化，并构成有机融合的信息物理系统，设施承载能力和运行效率得以增强和提升，并形成跨部门、跨行业协同治理能力，提高城乡韧性和宜居度。另一方面，智慧杆塔的发展面向城乡数字化发展全域感知体系的建立。在感知范围方面，智慧杆塔部署于主要场所、街道，并可伴随路网等深入城乡各类园区和居住社区，对多种数据进行网格化和像素级的实时动态采集，起到"末梢神经"的作用。在感知能力方面，智慧杆塔除基于挂载设备进行常规方式数据感知外，还可基于空间协同和多传感器融合实现高维度、高精度感知，使高等级数字化应用成为可能。

智慧杆塔建设支撑城乡数字化发展面临如下挑战：

全局统一部署和分散独立建设矛盾带来的挑战。此挑战有两方面。

一方面，全局统一"自上而下"的部署是智慧杆塔数字化底座效用发挥的必然要求。基础设施的本质属性和长期运维需要要求设备接口统一并向"即插即用"方向演进。基础设施的集约共享需要打通各主管部门的建设运维管理体系，设施的协同联动、数据资源的流转需要建设统一的平台或系统层面的互联互通，并与城市运行管理服务平台、数据平台等实现对接。

另一方面，分散独立"自下而上"的建设仍是多数城市当前主流智慧杆塔建设模式。受限于资金、管理和技术等方面的制约，以及各部门具体需求和需求迫切性之间的差异，分散独立建设的模式仍将长期存在。无论是"自上而下"模式，还是"自下而上"模式，都需要充分考虑全局、长期建设需求，提前通过标准化、建设协议库等方式统一编码规则、数据规约、设备和平台接口等，适度超前建设供电、通信等支撑系统能力，杆上预留软硬接口和承载能力，为未来发展留下充足空间，降低总体成本。

数字化需求和安全隐私风险矛盾带来的挑战。数据、感知、采集和安全隐私风险的矛盾是长期相伴的。点位分布和高集成是智慧杆塔成为城乡数字化发展底座的关键优势，也带来更多的公共数据安全和个人隐私泄露风险。同时，智慧杆塔本身是功能性设施，系统的安全性直接关系到交通、照明、治安等城市功能，需要充分识别智慧杆塔在系统运行、数据传输和流转过程中可能发生的安全风险点，从管理和规范入手，以技术为手段，从总体、设备、网络、平台、数据等多个方面保障系统信息安全。

10.1.6　细分应用场景部署需要细化和适应新的 AI 技术

智慧杆塔的前期部署以城市路侧设施的合杆为主，随着数字社会建设步伐加快，各行各业都在开展数字化转型。智慧杆塔目前在智慧交通、车路协同自动驾驶、智慧景区、智慧社区、智慧农业、智慧水利、管网监测等多个应用场景进行了试点部署，发挥了积极作用。各细分场景给智慧杆塔提出个性化的要求，也给智慧杆塔的功能、性能提升带来机遇和动力。

一方面，不同细分应用场景对杆塔软硬件配置和系统架构提出不同的需求。面向较为封闭的应用场景，如智慧园区、智慧社区等时，智慧杆塔的应用需求相对简单，管理部门单一，系统架构相对统一。但面向开放的应用场景，如开放道路等时，智慧杆塔的应用需求便开始多样，涉及管理部门众多，系统和平台架构相对复杂。而面向进一步专业化的细分场景，如车路协同自动驾驶等时，智慧杆塔需要与专业化设备如车路协同路侧感知设施、通信设施、控制设施、算力设施等协同部署，并在杆体承载、基础供电、通信和运维等方面进行综合考虑，还可能需要部署相对隔离的网络和专用平台。另一方面，平台功能的定制化和新型信息与通信技术的应用是满足细分应用场景需求的关键。如智慧景区场景中，景区管理人员可以结合人工智能、大数据等技术通过管理平台分析游客人群构成、行为特征和活动轨迹，优化景区项目设置和路线设计，进一步提高游客体验和园区运行效率。在化工园区场景中，智慧杆塔系统需要搭载针对危险化

品车辆识别和行为监测优化的 AI 算法模型，结合电子围栏等技术实现危险化学品车辆管控。

智慧杆塔面向细分应用场景需求部署面临以下挑战：

一方面是识别共性需求和个性需求的挑战。目前智慧杆塔建设多以集合更多设备和功能为推广亮点，在方案移植时多数为成套移植，支持功能只增不减，较少考虑场景的适用性，造成过高的投入门槛。反之，一些定制化程度较高的专门化智慧杆塔系统，项目封闭且缺乏可移植性，给未来系统间打通和相近场景的方案复用造成屏障。需兼顾面向全局统一部署和细分应用场景需要，识别和归纳通用共性需求、分场景共性需求和专门个性需求。通过方案模块化、逐级标准化和加强行业交流合作等方式促进共性部分的互通和成熟细分场景方案的推广复用。另一方面是新型信息与通信技术应用带来的挑战。人工智能、大数据、区块链、信息模型、高精度定位、车联网等新型信息与通信技术的应用可有效提高智慧杆塔系统对细分场景个性化需求的解决能力和服务品质。但是新型信息与通信技术的应用往往存在技术方案成本较高，可靠性、安全性等成熟度方面缺少验证的问题，需通过对新技术方案的技术评测、实践论证以及对新技术应用成熟方案的标准化促进新型信息与通信技术方案的应用，降低成本和风险。

10.2 智慧路灯发展方向

智慧城市建设在信息化领域全面展开，城市管理精细化已成为智慧城市的新形态与主流趋势，各地政府陆续出台政策，投入大量资源。目前国内城市公共照明的监控和管理方式相对简单、粗放，服务质量和节能水平有待提高，难以满足现代化城市公共照明的需要，城市公共照明面临精细化管理与节能减排双重挑战。城市公共照明在设施资源、运行监控、故障分析、运行维护和节能减排等多个方面需要精细化、综合化、智能化的统一管理。现阶段智能道路照明建设采用垂直模式，即道路照明设备直接接入道路管理部门自建

的道路管理系统。统一平台模式，即道路照明设备接入运营商统一物联网管理平台，由于能协调接入智慧城市平台，打通智慧城市数据的条块分割，所以是一种新型的建设模式。

智能灯具是智能照明的基础，采用高效的 LED 光源，提供高标准的照明质量和一次节能。在保证照明质量的基础上，应用智能道路照明控制系统对照明进行管理控制和智能化，通过分时序的智能照明控制（如恒定光输出）实现二次节能，使智能灯具的节能收益更加明显。此外，智能化的路灯能提高运营效率，显

著降低维护成本。在此基础之上，智能道路灯具还可以集成传感器、摄像头等功能，以提供增值收益。

智能道路控制系统可以实现对路灯的远程集中控制与管理，基本功能包括：根据光照或时间自动调节灯具光输出，远程照明控制，故障主动告警，远程电量采集等。智能道路控制系统可以架构在传统的自建 IT 服务器上，也可以架构在云上。架构在云上可以降低总体拥有成本，增强安全性。

路灯杆搭载多种设备，概念火热、名称众多、含义多样，经梳理推荐定义为"灯杆"。智慧灯杆以灯杆为载体，提供智能道路照明功能集成，搭载智慧城市中的多种功能模块，既支持一杆多用（合杆），又支持多功能设备综合管理（智慧灯杆），还支持数据共享分析预测和多设备联动（智慧杆）。智慧灯杆首要支持智能照明，还可以支持环境信息传感功能、公用通信接入功能、公用通信接入功能、智能安防功能、新能源汽车供电功能以及其他创新功能。

从技术发展趋势和现实建设管理模式来看，预计智慧灯杆发展会经过三个阶段。

1）合杆

智慧灯杆提供照明为基础，对于其他的模块，仅仅提供搭载的杆体和供电，各个设备是独立的，管理平台也是独立的，由各个部门独自管理。

2）智慧灯杆

搭载各个模块，利用支持边缘计算的网关和综合管理系统，对部分设备接入统一平台进行综合管理。由于政策限制，部分设备由分立平台管理。

3）智慧杆（塔）

搭载各个模块，利用支持边缘计算的综合网关和综合管理平台，将所有的数据接入统一平台，进行 AI 数据分析处理，即数据存储、预处理、特征提取、建模、训练、决策，多个设备联动。智慧杆阶段的数据是闭环的，流程是收集数据、分析预测、决策执行、反馈数据，可做到数据价值化，服务智能化。

由于智慧灯杆搭载多个设备，不同于普通的路灯杆，智慧灯杆的杆体设计要满足材质、分层、分层高度、承重和防风要求，采用分舱设计和综合控制柜设计。智慧灯杆常带电，供电需要根据搭载设备提前计算规划。建议备用电源安装在单独的箱体中，除了要做好其接地漏电保护外，还可以利用杆体上的倾斜传感器和漏电传感器来加强保护。

智慧灯杆中的智能网关是核心设备，应该提供边缘计算的能力，以提高设备的响应度。智慧灯杆的综合管理和功能之间可以联动，更能体现合杆后资源共享节约以外的价值。现阶段传感器可与照明联动，摄像头可与多个模块进行联动，加强设备安全和信息共享。

5G 基站是智慧灯杆的重要推手。随着 5G 基站的建设铺开，开始大量在智慧灯杆上采用抱杆和杆顶部安装 5G 的基带处理单元设备，其电源建议布置在综合控制柜中。

在城市中，由于政策原因需要合杆的各个功能相对独立，由不同部门管理，智慧灯杆能很好发挥合杆功能。园区可以进一步提供智慧灯杆综合管理平台，对设备功能进行统一管理，同时还可以打通数据，多设备联动，发挥智慧灯杆综合管理和智慧处理的优势。

国家和地方政策利好智慧灯杆建设，各个地方和团体有多个智慧灯杆相关的标准，建议各个功能模块参照相应行业要求，不做新的定义。智慧灯杆的定义和架构急需统一标准化，滑槽式智慧灯杆各个模块的机械接口的标准化非常有意义，有利于扩展。但是对于固定式（定制）的智慧灯杆不宜标准化，要保持美观、城市特色和创新。

智慧灯杆的建设已经在上海、深圳、广州、南京等地展开，各个地方出发点和思路多样，就智慧灯杆的建设运维模式而言，现在基本采用业主（政府主管部门、行业部门或园区管委会）全额采购、招标建设、业主运维的传统方式，建议积极探索合作共建与能源管理合同模式（EMC）的方式，应进行大胆的试点，探索新的收益模式。

特别鸣谢

上海浦东智能照明联合会
昕诺飞（中国）投资有限公司
上海三思电子工程有限公司
豪尔赛科技集团股份有限公司
浦东新区科学技术协会
上海顺舟智能科技股份有限公司
欧普道路照明有限公司
龙腾照明集团股份有限公司
浙江方大智控科技有限公司
深圳市洲明科技股份有限公司
佛山电器照明股份有限公司
联通（上海）产业互联网有限公司
特斯联科技集团有限公司
上海亚明有限公司
北京亦庄智能城市研究院集团有限公司
济南三星照明科技股份有限公司
江苏英索纳通信科技有限公司
河南台能光电科技有限公司
福建思伽光谷照明科技有限公司
珠海星慧智能科技有限公司
常州海蓝利科物联网技术有限公司
重庆南天智能设施有限公司
厦门佰马科技有限公司
高邮市明源照明科技有限公司
上海物喜智能科技有限公司
中智德智慧物联科技集团有限公司
江苏树说新能源科技有限公司
太龙智显科技（深圳）有限公司